ZHANJIE GONGCHENG JISHU JI
YINGYONG SHILI

粘接工程技术及应用实例

罗来康　主编

U0387881

化学工业出版社

·北京·

本书详细介绍了粘接工程技术的原理，工艺设计要求，各种胶黏剂的特性及应用范围，这对于从事粘接研究和应用的工程技术人员有非常好的参考价值。另外，书中还详细介绍了在不同工业领域粘接工程技术应用的具体实例，并详细地分析了不同应用的特点，这对于粘接工程技术在各领域中的推广应用有非常大的指导意义。

图书在版编目（CIP）数据

粘接工程技术及应用实例/罗来康主编 . —北京：
化学工业出版社，2019.7
ISBN 978-7-122-34274-4

I.①粘… Ⅱ.①罗… Ⅲ.①粘接-基本知识 Ⅳ.①TG49

中国版本图书馆 CIP 数据核字（2019）第 064658 号

责任编辑：赵卫娟　　　　　　　装帧设计：韩　飞
责任校对：宋　玮

出版发行：化学工业出版社（北京市东城区青年湖南街 13 号　邮政编码 100011）
印　　刷：北京京华铭诚工贸有限公司
装　　订：三河市振勇印装有限公司
710mm×1000mm　1/16　印张 12　字数 197 千字　　2019 年 7 月北京第 1 版第 1 次印刷

购书咨询：010-64518888　　　　　　售后服务：010-64518899
网　　址：http://www.cip.com.cn
凡购买本书，如有缺损质量问题，本社销售中心负责调换。

定　　价：68.00 元　　　　　　　　　　　　　　**版权所有　违者必究**

编委会名单

主　编　罗来康

副主编　赵小双

参　编　梁江红　张　涛

　　　　蔡梓铭　王明上

　　　　徐　朋　王云华

　　　　江日新　麦镇绿

主　审　张锐忠

粘接工程技术有奇效，
创新应用天地广阔。

卢秉恒

中国工程院院士　　　　　　　　　　卢秉恒
西安交通大学博士生导师
国家"973"基础研究项目首席科学家

粘接技术是指采用特殊的胶黏剂和特定的接头设计及合理的粘接工艺实现材料连接的技术。与焊接及其他的连接技术相比，粘接具有工艺简单、使用方便、成本低等优点，还可以用于一些其他的传统技术无法实现的材料或结构的连接，如金属与非金属的连接、异种金属材料之间的连接、聚合物基复合材料之间的连接等。因此，粘接作为一种重要的连接技术广泛应用于航空、电子、汽车、化工、建筑业等领域。随着新材料的发展和应用市场的需求，极大地带动了新型高效胶黏剂和粘接技术的迅速发展，粘接工程技术也得到了更为广泛的应用。粘接工程技术是指按照一定的步骤和方法，去完成粘接项目的过程。

粘接工程是一个很神奇的过程。粘接的机理涉及复杂的化学和物理过程。粘接工程的成败、优劣，与粘接接头的设计和被粘接材料的表面处理、胶黏剂的特性和粘接工艺等有很大的关系。除此之外，在粘接工程技术的实际应用中，应注重对胶黏剂特性的研究，以及粘接的性能评价和检测技术的研究，这将对粘接工程技术的应用有非常重要的作用。

本书详细介绍了粘接工程技术的原理、工艺设计要求，各种胶黏剂的特性及应用范围，对于从事粘接研究和应用的工程技术人员有非常好的参考价值。另外，书中还详细介绍了在不同工业领域粘接工程技术应用的具体实例，并详细地分析了不同应用的特点，这对于粘接工程技术在各领域中的推广应用有非常大的指导意义。

英国焊接研究所副所长　石功奇博士
2019 年 2 月于伦敦

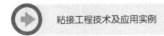

前 言

随着科学技术的发展，粘接不再是传统意义上的粘接，关于粘接大量实践活动已表明，只有掌握多学科的知识，才能解决各种复杂的粘接问题，粘接学科已成为与有机化学、无机化学、表面物理化学、结构化学、量子化学、胶体化学、分析化学、电化学、断裂力学、表面处理学、无损检测学、工程力学、材料学、工程制图、电镀学、热处理学、纳米科学、生物工程学、机械工程学、环境保护学、真空科学、电子学、光学、核技术及计算机技术等几十门学科和技术有千丝万缕联系的一门多学科的边缘学科，也是一门新的交叉学科，在科研生产领域中占据了越来越重要的地位。

胶黏剂和粘接技术是粘接这门学科的基础。有人形象地把胶黏剂比喻成面粉，而把与胶黏剂相匹配的粘接技术比喻成面粉加工技术。面粉与面粉加工技术、胶黏剂与粘接技术都是相辅相成的两个方面。没有面粉加工技术，面粉的用途和价值就会大大减少，因为没有面粉加工技术，面粉就不能变成美味可口、品种繁多的面食，面粉的市场份额也会大大减少。可想而知，如果仅有各种性能优异的胶黏剂，而没有配套的粘接技术，胶黏剂也就不可能发挥应有的作用。许多专家还认为，粘接技术是高技术领域的关键技术，并成为发展复合材料和智能材料的基础，是关键的一环。

胶黏剂已成为材料工业的重要支柱，是经济建设中不可缺少的重要材料。国际上有的专家甚至还认为，胶黏剂的产量是反映一个国家工业发达情况的晴雨表，粘接技术水平的高低影响着一个国家的科技发展水平。

学科的创新、交叉融合是技术进步的一种必然。粘接工程技术是在跨学科、跨专业、跨领域、跨行业的交叉点上生长起来的一种技术，是粘接学科中新兴的重要分支。在许多领域，粘接工程技术不仅能解决焊接、铆接、螺纹连接、过盈配合和一般粘接技术及特种粘接技术不容易或不能解决的连接与密封问题，还能解决热处理、表面处理、防火、防水、防腐、防漏、建筑、维修等工程领域不能够解决或不容易解决的技术难题。

本书不仅阐述了粘接工程技术的实质及相关知识，而且着重选择了一些有代表性的应用实例做了较详细的介绍。笔者将粘接的一些实际经验融贯其中，希望能给读者带来一点点启迪和补益。

本书在编著过程中参阅和引用了许多专家、科技人员的专著、论文，在此向各位作者表示真挚的谢意！

本书得到卢秉恒院士、石功奇博士（英国焊接研究所副所长）、惠州技师学院有关专家及领导、国家高技能人才培训基地建设项目成果系列教材编委会和许多良师益友的指教和帮助，李国辉、尹耀康、梁炜键、李云开、董精梅、罗天亿等同志在校稿、打印及查对资料等方面付出了辛勤的劳动，在此一并表示衷心的感谢！

由于水平有限，书中疏漏在所难免，恳请读者多多指正。

罗来康
2019 年 1 月于惠州

第3章 粘接技术 19

第6章　粘接工程技术的应用实例　　　　81

第 7 章 粘接工程中常用的胶黏剂

附 录　　　　　　　　　　　　　　　　　　　　　　171

第1章 概　论

1.1　粘接的主要特点

粘接是借助胶黏剂在被粘物表面上所产生的黏合力，将被粘物连接在一起的现象。粘接现象很早就被人类所发现、所利用。虽然粘接的历史很悠久，但是粘接成为科学研究的对象也仅仅是近几十年的事。

说到焊接、铆接、螺纹连接以及用线缝、打钉子、过盈配合等传统的连接方式，人们都比较熟悉，因为这些传统的连接方式，在现代科学、生产实践和人们日常生活中，几乎成了必不可少的环节。而说到别具一格的粘接，有些人也许不太了解，因为粘接是近代被人们重新认识、重点研究和开发应用的具有独特风格的新技术。事实证明：粘接技术不仅已渗透到各行各业，而且还能解决上述许多传统技术不容易或者不能够解决的技术难题。

可见，粘接技术是许多传统技术无可比拟的，是更先进、更科学、更实用的新技术，应大力推广，使其在人们的日常生活和国民经济的发展中发挥重要作用。这就需要对粘接的特点进行认真的研究和了解，以便更正确、更有效地使用粘接技术、特种粘接技术、粘接工程技术去解决各种实际问题，收到最佳的效果。

概括起来，粘接的主要特点如下。

1.1.1　可减轻构件重量

说到"可减轻构件重量"这个特点，其意义重大。对任何一个物体，人们一般都希望它是小巧玲珑的。小，美观大方；小，节省材料，节省工时，可降低造价。特别是在航天、航空、航海领域，减轻构件重量尤其重要。曾几何时，美国的宇航专家就向全世界呼吁："谁能想办法让航天飞行器（如火箭、导弹、飞船、人造卫星等）减少 1kg 的重量，那么将可节省 3 万美元的开支。"据说，英国"大黄蜂"轰炸机在制造时，由于用粘接取代了部分焊接、铆接工艺，飞机重量大大减轻，也就是说该飞机的运载能力、飞行能力都得到了很大的改进和提高。

1.1.2　可简化机械加工工艺，降低制作成本

"可简化机械加工工艺，降低制作成本"，这也是非常有特色的。有些专家曾经说过："中国并不是没有钢材，因为中国的钢材大部分都被机床吃掉了（指机械切削加工）。"翻砂铸造和精密铸造固然是人们用来简化机械加工工艺的新途径，然而比起用粘接的方法来简化机械加工工艺，还是稍有逊色。尤其是采取定位粘接组合新工艺，可大大简化机械加工工艺，节省加工时间，降低制作成本。有人曾经对某一军工产品进行比较，以粘接代替螺纹连接，其结果是加工工序减少了一半，加工时间减少了 85％，制作成本降低了 60％。

1.1.3　容易连接许多异种材料和异形材料

许多异种材料和异形材料是很难用传统的连接工艺进行连接的。比如黄铜板和玻璃板、钢板和木板、1mm 厚的铝合金板和 20mm 厚的不锈钢板之间的连接等，若用焊接工艺几乎不可能完成，用铆接方法也很难达到使用效果，采用粘接是最佳选择。

1.1.4　粘接表面光滑，可提高气动性能，可分散应力

粘接表面光滑，可提高气动性能，增加其流线性和流畅性，减少物体表面与气流相对运动时的阻力，使应力分散，也可理解为减少相互间的摩擦力。物体在做相对运动时，减少和克服阻力具有相当大的意义。飞机、快艇乃至导弹、飞船等的外壳有很多是焊接、铆接的，而焊接、铆接处的气动性是无法和粘接处的气动性相媲美的。

1.1.5　胶黏剂密封性能良好，可简化密封结构

密封胶是一种简便、可靠的密封结构材料，其由于结构简单、极易操作、密封性能良好而被人们广泛接受。过去生产的汽车、机械设备无论在哪里停放一阵子，地上就会留下点点片片的油迹，其实就是各部位密封结构不合理、密封性能差所致。采用密封胶后，密封防漏问题才真

正得以解决。在许多情况下，需要产生连接、密封两种效果，选用粘接则可一举两得。

1.1.6　省工、省料、省时、省能耗

合理地采用粘接技术能达到很好的省工、省料、省时、省能耗效果。当然这并不意味着粘接可以取代所有传统的连接技术，也不意味着在任何场合、任何情形下，粘接都能取得比传统连接技术更好的省工、省料、省时、省能耗效果。比如要将两根钢筋对接起来，采取焊接就比粘接要省工、省料、省时、省能耗。总而言之，要具体问题具体对待，一切从实际出发、一切从效益出发。

1.1.7　劳动强度低，且不动火、不用电、节能、无害、安全

由于使用时一般都不动火、不用电，在常温或低温中即可进行粘接。与其他传统的技术相比，具有劳动强度低、节能、安全及无毒害的优点。

1.1.8　可解决传统工艺不能或不易解决的技术难题

粘接不仅可以胜任焊接、铆接、螺纹连接、过盈配合等传统连接工艺不易或不能胜任的工作，而且还能解决热处理、表面处理、防腐、防火、防水以及设备、汽车、桥梁、堤坝、家电、家具、房屋、建筑物维修等许多传统工艺和行业不能或不易解决的技术难题。这种特点应归功于特种胶黏剂、特种粘接技术和粘接工程技术。比如，采用笔者发明的W-I型热处理保护胶纸（获国家发明奖），不但可以取代用于防渗碳的镀铜表面处理工艺，而且还克服了被镀铜物件难以避免的氢脆问题。所谓氢脆问题，是指镀件在电解槽中挂在阴极电镀时，由于氢离子渗透和游离集中作用，镀件容易变脆，乃至出现断裂的现象。将笔者发明的WKT特种胶黏剂（一种无机胶黏剂）与W-I型热处理保护胶纸配合使用，就可以起到电镀铜层的作用，即可在各种渗碳、渗氮等化学热处理工艺中获得比铜层还要好的防止渗碳、渗氮的效果。这种贴胶纸的方法极其简便，不用电、不用复杂的电镀设备及相关装置，甚至不必把被粘贴表面的油污清洗干净，均可获得良好的防渗效果。不仅使工效提高15倍以上，还可以解决镀铜法不能解决的一些几何形状较复杂的防渗碳

（氮）工件的防渗问题。

W-I 型热处理保护胶纸具有良好的防火隔热效果。将它粘贴在木材上，木材就燃烧不起来。广东省消防产品检测中心曾用 1260℃ 的火焰喷烧贴有该胶纸的木板，足足烧了两个多小时，木板还是没烧着，木板背火面的温度未超过 83℃。

W-I 型热处理保护胶纸还能较好地解决防淬火、防淬裂的难题。

胶黏剂虽然有很多优点，但也存在粘接强度不够大、耐温不够理想、易老化等不足。任何事物都具有两重性，优点和缺点在一定条件下是可以互相转化的。相同一件事，同样一个特点，在某种场合下被视为优点，而在另外一个场合中，也许就表现为缺点了。在粘接实践活动中，经常会遇到这种情况，比如说，粘接强度大一般都被认为是"优点"，但是在周期性粘接工艺中，在某些特定粘接环境里，粘接强度大反而成了缺点。粘接强度大，造成拆卸困难；粘接强度大，要格外付出劳动和代价，才能达到预期的自动松脱（脱落）的粘接效果。正确地理解、对待粘接的特点，会帮助人们更好地扬长避短，更好地发挥效益。

1.2 粘接原理

研究粘接原理的目的在于揭示粘接现象的本质，探索粘接过程的规律，解答为什么能够粘接、为什么粘接力有大小之别、为什么有的被粘物粘不住而经过一些特殊处理后粘住了等问题，从而指导人们如何去解释粘接现象，如何去研究胶黏剂和粘接技术及其推广应用，进而使粘接科学不断深入发展。

粘接过程是一个复杂的物理、化学过程。粘接力的产生取决于胶黏剂自身的特性、胶黏剂与被粘物表面的状态、粘接过程中的各种工艺条件。

所谓粘接强度，就是粘接处单位面积上的粘接力。由此可知，粘接强度和粘接力成正比，人们所评价的粘接强度的好坏，实际上就是对粘接力的评价，粘接力的单位为牛顿（N），而粘接强度的单位为兆帕（MPa），每平方毫米面积上产生 1N 的粘接力，即 1MPa（N/mm^2）。

1.2.1 吸附理论

粘接作用是胶黏剂与被粘物分子在粘接界面处相互产生吸附作用的黏合现象，这种吸附力是物理吸附力和化学吸附力共同作用的结果。物理吸附力，是由分子之间的相互作用力即次价键力引起的；化学吸附力，是由原子之间的相互作用力即主价键力引起的。这种理论只能解释反应型胶黏剂品种，不能解释没有化学反应的胶黏剂。如果胶黏剂与被粘物分子之间不能产生化学反应，就得不到牢固的化学结合力。

1.2.2 机械结合理论

这种理论的实质是借用摩擦学中的凹凸原理来解释粘接现象。当液体状态的胶黏剂流入并填满凹凸不平的被粘物粘接表面后，待胶层固化，胶黏剂与被粘物便通过表面凹凸间的相互咬合而连接，就像轮船的铁锚抛在江河底部的沙泥中一样。要破坏这种咬合力的连接，就必须施以一定的外力，这种外力的反作用力就表现为粘接力。

这种理论还可以解释在单位面积上，凹凸面比光滑面更能增加粘接强度，即凹凸面比光滑面大大增加实际的粘接面积，增加粘接力。

根据这种理论，人们在设计内聚力较大的、硬度较大的、黏度较高的胶黏剂的粘接工艺时，宜将被粘物被粘接表面处理得粗糙些，保证其表面有足够的凹凸度，从而得到较大的粘接强度；反之，则可设计出较小的粘接强度。

这种理论不能解释非多孔性的、表面十分光滑的被粘物（如玻璃等）的粘接原理，更无法解释由于材料表面化学性能变化和产生化学反应而形成的粘接现象。

1.2.3 相互扩散理论

该理论首先是由苏联的科学家提出来的，当胶黏剂粘涂在被粘物表面时，如果被粘物表面是可以被胶黏剂相容、相亲的高分子材料，尽管相互之间不会发生化学反应，但是分子之间会相互扩散，穿越相互的界线交织在一起，形成一种结合力，即粘接力。这种理论只能解释与胶黏剂能相容、相亲的链状高分子材料的粘接现象。

1.2.4 静电吸引理论

该理论认为，每一种物质都存在不同的电位，当两种不同电位的物质相互接触时，都会产生像电容器一样的正负双电层，胶黏剂与被粘物之间也是由于这种正负静电引力作用而相互粘接在一起的。许多学者对此理论提出了反对意见。他们认为这种理论未能揭露粘接作用的本质。按照静电吸引理论，世界上有许多非极性物质相互之间由于不能形成双电层，就不能产生粘接力或者只有很小的粘接力，然而，事实上，许多非极性物质之间都可进行粘接，而且还可获得很大的粘接力。

1.2.5　极性理论

这种理论认为，黏合作用与胶黏剂和被粘物的极性有关系。对于极性材料要选用极性胶黏剂才能产生粘接力；对于非极性材料要用非极性胶黏剂才能产生粘接力。显然，这种粘接理论也是不全面的。事实上，一些极性材料与非极性材料之间，用非极性胶黏剂或用极性胶黏剂，通过一些粘接技术均可获得粘接力。

1.2.6　弱界面层理论

一些科学家对粘接接头破坏的情况进行分析，认为胶黏剂胶层与被粘接表面间会形成一个弱界面层，这个弱界面层会影响粘接力。如果这个弱界面层较厚，产生的粘接力就较小；如果这个弱界面层较薄，或者能除去这个弱界面层，就会产生较大的粘接力。

上述各种理论都能揭示一些粘接现象的本质，但是都不能全面地解释所有的粘接现象。有不少专家学者试图寻找一种十分完善的粘接理论来对上述理论进行统一，这其实是不太可能的事，因为粘接这门学科与其他学科不太一样，是一门多学科的交叉学科，尤其是胶黏剂的组成千差万别，产生粘接力的原因也很多，影响粘接力产生的因素也很多，因此更难用某一种理论对粘接原理进行圆满的解释。不过，上述理论的简介对粘接工作人员还是很有参考价值的。

编者认为，不同的胶黏剂具有不同的性能，组织结构也是不同的。我们只要认真地、科学地、耐心地去寻找、去研究，就不难发现胶的性能取决于其胶相结构。也就是说，人们用不同的配方、工艺可以获得不同胶相结构的胶黏剂，从而获得了不同的性能。

目前，采用纳米材料来研制新的胶黏剂，已经取得了许多引人注目的进展。纳米材料的介入，使许多胶黏剂的性能产生了突变，有的是使胶黏剂的粘接强度成倍地增加，有的是使胶黏剂的耐温性、耐磨性、耐腐性、耐候性、老化性得到显著提高；还有的是使胶黏剂的压缩强度得到大大提高。用"纳米材料"提高胶黏剂性能的实质，是纳米材料可以进入胶黏剂材料的分子内，改变胶黏剂的组织结构，自然使胶黏剂呈现出不同的相（形）貌，出现与原来加合性质不同的结构性质，这样一来，一种新的胶黏剂就诞生了。

综上所述，根据胶相学的原理，人们可以设计制造出各种性能、各种用途的胶黏剂，与此同时，将大大促进粘接科学事业的发展。

第2章　胶黏剂

什么样的物质叫胶黏剂？目前还没有统一的认识，甚至还有胶合剂、黏合剂、胶接剂、接着剂、粘接剂、黏胶剂、黏着剂、胶水、胶等不同的命名。其实，这些表达方式上的分歧，并不影响粘接这门学科的应用和发展，这种现状正反映出与任何一门新学科一样，新的东西在发展过程中总会存在较多的不同命名、不同认识的争鸣。

为了统一认识，以便规范化、标准化，更好地促进我国粘接事业的发展，国家标准 GB/T 2943—2008 对一些术语做了如下定义：通过物理或化学作用，能使被粘物结合在一起的材料叫胶黏剂；黏合又称黏附，是指两个表面依靠化学力、物理力或两者兼有的力使之结合在一起的过程；被粘物是指通过胶黏剂而连接起来的固体材料。

随着科技与经济的发展，胶黏剂的用途越来越广，主要包括以下几个方面：各种材料的粘接、组合；各种设施的密封或绝缘；设施的维护修理；材料、设施的防护；热处理、表面处理等领域的特殊用途，如防电镀、防渗碳、防渗氮、防碳氮共渗、防淬火、防淬裂及取代传统工艺的粘接等；防火、防水、防腐、防漏等工程的粘接。

2.1　胶黏剂的分类及主要特点

2.1.1　胶黏剂的分类

（1）按粘接强度的大小　分为结构胶和非结构胶。结构胶是指粘接强度大、能承受较大载荷甚至超过被粘接材料本身强度的胶黏剂；非结构胶是指仅具有一般粘接强度，不能承受较大载荷的胶黏剂。

（2）按胶黏剂物理形态　分为胶液、胶乳、胶膜、胶块、胶粒、胶片、胶棒、胶粉、胶带等。

（3）按功能　分为导电胶、导磁胶、光学胶、耐高温胶、耐低温胶、密封胶、堵漏胶、防渗胶、绝缘胶、防磁胶、防火胶、防辐射胶、防淬裂胶等。

（4）按工艺特点　分为室温固化型、加温固化型、吸湿固化型、热敏型、光敏型、压敏型、厌氧型等。

（5）按最终组分　分为单组分胶、双组分胶和多组分胶。

（6）按胶黏剂的组成　分为有机胶黏剂和无机胶黏剂两大类。有机胶黏剂分为天然有机胶黏剂（如天然动物胶、植物胶）和合成有机胶黏剂（如合成树脂类、合成橡胶类、聚氨酯类、丙烯酸类等数十种类型）；无机胶黏剂也分天然无机胶黏剂和合成无机胶黏剂。

（7）按主要黏料和特性　大致分为以下七大类：动物胶；植物胶；无机物及矿物胶；合成弹性体胶；合成热塑性材料胶；合成热固性材料胶；热固性、热塑性材料与弹性体复合胶。

2.1.2　有机胶黏剂、无机胶黏剂和特种胶黏剂

（1）有机胶黏剂　有机胶黏剂是由有机物质组成的，可分为天然系列和合成系列两大类，主要特点如下。

① 品种多、性能强、用途广。

② 耐高、低温性差（耐高温一般小于250℃）。

③ 耐火性差（一般遇火都可燃烧）。

④ 耐候性差，易老化，使用寿命短。

⑤ 有些成分有害，有污染。

其中，有机胶黏剂天然系列主要包括：淀粉系（淀粉、糊精等）；蛋白质系（大豆蛋白、酪素、骨胶、虫胶、鱼胶等）；天然树脂系（松香、树脂胶、单宁、木质素胶等）；天然橡胶系（乳胶、橡胶液等）。

合成系列主要包括树脂型、橡胶型、复合型。

① 树脂型胶黏剂又分为热塑性树脂胶黏剂和热固性树脂胶黏剂。

a. 热塑性树脂胶黏剂有聚乙烯醇、聚乙烯醇缩醛、聚乙酸乙烯类、聚丙烯酸类、聚酰胺、聚乙烯类、聚氨酯、饱和聚酯、聚氯乙烯类、纤维素类等。

b. 热固性树脂胶黏剂以蜜胺树脂、酚醛树脂、糠醛树脂、脲醛树脂、环氧树脂、间苯二酚甲醛树脂、不饱和聚酯、聚异氰酸酯、聚苯并咪唑、聚酰亚胺等为基体。

② 橡胶型胶黏剂以氯丁橡胶、丁腈橡胶、丁苯橡胶、丁基橡胶、聚硫橡胶、有机硅橡胶、羧基橡胶、热塑性橡胶、聚氨酯橡胶、氟橡胶等为基体。

③ 复合型胶黏剂包括酚醛-聚乙烯醇缩醛胶黏剂、酚醛-氯丁橡胶胶黏剂、酚醛-丁腈橡胶胶黏剂、环氧-丁腈橡胶胶黏剂、环氧-聚酰胺胶黏剂、环氧-氯丁橡胶胶黏剂、环氧-酚醛胶黏剂、环氧-聚氨酯胶黏剂等。

（2）无机胶黏剂　无机胶黏剂是由无机物质组成的，主要特点如下。

① 不燃烧，耐火，安全。

② 耐高、低温性好（范围为-200～6000℃）。

③ 耐候性好，耐久，使用寿命长。

④ 坚硬，耐磨，用途广。

⑤ 绝大多数成分无毒害、无污染。

无机胶黏剂可分为天然系列和合成系列两大类。

① 天然系列中主要有黏土、瓷土、白泥、高岭土等。这些天然无机胶的溶剂主要是水或者无机盐液。

② 合成系列中主要有硅酸盐型（水玻璃、硅酸盐水泥等）、磷酸盐型（磷酸-氧化铜基、磷酸-氧化铝基等）、硼酸盐型（低熔点玻璃基、硼酸基等）、硫酸盐型（石膏基等）、复合盐型（WPP基等）。

（3）特种胶黏剂　具有特种性能和用途的胶黏剂叫特种胶黏剂。例如：一般的胶黏剂在有水、有油、有锈、有尘埃的界面上是不能进行粘接或堵漏的，而在带有油、水、锈的情况下进行粘接的胶黏剂叫特种胶黏剂。有的胶黏剂不仅具有粘接功能，而且具有一些特殊功能和用途，如具有导电、导磁等功能或者能取代电镀、化学热处理等工艺的用途。

特种胶黏剂可由有机材料组成，也可由无机材料组成，还可以由有机材料和无机材料共同组成。低熔点合金热熔胶、溶液型热熔胶、医用专用胶、记忆性胶等许多新型的胶黏剂都属于特种胶黏剂。

2.2　胶黏剂的组成

胶黏剂品种繁多，虽然组成不一，但是，不管是由简单成分还是复杂成分组成的胶黏剂，基本上都是以黏料为基料，再配合各种固化剂、增塑剂、稀释剂、补强剂及填料和其他助剂等配制而成，下面对以上组分做简明介绍。

2.2.1　黏料

黏料也称为基料或胶料。它是胶黏剂中的主要组分，能起到黏合的作用，有良好的黏附性。作为黏料的物质有很多，有的来自动物，如血液胶、骨胶、鱼胶等；有的来自植物，如纤维素衍生物、多糖及其衍生物、天然树脂、植物蛋白、天然橡胶等；有的来自无机物及矿物质，如硅酸盐、磷酸盐等；有的来自合成弹性体，如氯丁橡胶、硅橡胶、丁腈橡胶、丁苯橡胶等；有的来自合成热塑性材料，如聚乙烯醇、氰基丙烯酸酯、聚苯乙烯等；有的来自合成热固性材料，如脲醛树脂、酚醛树脂、糠醛树脂、环氧树脂等；有的来自热固性材料与弹性复合材料，如环氧-丁腈复合材料、酚醛-氯丁复合材料、环氧-酚醛复合材料、环氧-聚氨酯复合材料等。随着科技的进步，金属材料、复合材料、功能材料及其他新型材料也陆续进入黏料之列。

2.2.2　固化剂

固化剂又称为硬化剂和熟化剂。固化剂是能够使黏料低分子化合物或线型高分子化合物交联成体型网状结构，成为不溶的坚固胶层的物质。选用固化剂时，要按黏料产生固化反应的特点、形成胶膜的需要（如韧性、强度、硬度等）以及使用时的需求等来确定固化剂的类型及其用量。橡胶中用的固化剂叫作硫化剂。

为了促进固化反应，有时加入促进剂以加速固化速度，也可加入一些物质来减缓固化速度。

2.2.3　增塑剂

增塑剂又称增韧剂，它的加入可以增加胶层的柔韧性，提高胶层的耐冲击性，改善胶黏剂的流动性。但是用量过多会使胶层的强度和耐热性能有所降低，通常的用量为黏料的 20％左右。增塑剂一般是一种高沸点液体或低熔点固体化合物，与黏料有混容性，往往不参与固化反应，如邻苯二甲酸二丁酯、磷酸三苯酯等。人们往往把参与固化反应的增塑剂称为增韧剂或促进剂。增韧剂大都是黏稠液体，如低分子聚酰胺、聚硫橡胶等，它们也可作为环氧树脂的固化剂，用量可增大至 100％。

2.2.4　稀释剂

加入稀释剂的作用是降低黏料的黏度，方便施涂，同时还可降低成本、延长胶黏剂使用寿命。稀释剂有两类：一类是活性稀释剂，含有反应性基团，既可降低胶液黏度，又能参与固化反应，进入黏料的网型结构中，因此，克服了因溶剂挥发不彻底而使胶黏剂的性能下降的缺点，如环氧树脂胶黏剂中的环氧丙烷苯基醚等；另一类是非活性稀释剂，大都是惰性溶剂，不参与固化反应，仅起稀释作用，涂胶后挥发掉，如乙醇、丙酮、甲苯等。选用时，对前一类稀释剂应考虑到与黏料有相容性，能与胶液混合均匀；对后一类稀释剂应考虑到溶剂的挥发速度。若挥发速度太快，胶层表面易结成膜，妨碍胶层内部溶剂的逸出，导致胶层中产生气泡；若挥发速度太慢，则在胶层内留有溶剂，从而影响胶接强度。通常采用几种不同沸点的溶剂相混来调节挥发速度。

2.2.5　补强剂

补强剂是用来改变物质原子与原子间结合方式的材料。原子与原子间结合方式的变化，导致其组织结构发生变化，从而引起性质的变化。遵循这种规律，我们已经研制了许多这样的材料，当它们以不同的量、不同的添加工艺加入胶黏剂中后，胶黏剂的粘接强度、耐温性、抗老化性、耐酸碱性等性能发生了较大变化，达到了提高补强的效果。因此把能增加胶黏剂粘接强度、耐温性、耐磨性、抗老化性、抗氧性、抗酸性、抗碱性等性能的添加材料称为补强材料。值得一提的是，由于纳米科技的兴起与发展，许多补强剂材料都可进入纳米级这个层次，将引起胶黏剂性能的突变，这也就意味着，许多新性能的胶黏剂会不断产生，胶黏作用越来越大。因此补强剂在胶黏剂组成中将会扮演更重要的角色。

2.2.6　填料

填料又称为填充料或填充剂，它的加入可以降低胶黏剂的线膨胀系数，减少固化时的收缩率，改善弹性模量、黏度和抗压性能，改变胶体的密度、可加工性、颜色、磁导率、电导率、透明度、折射率、热导率、介电性能、抗震力和抗冲击力等，同时也有和补强剂相似的功能，即改善耐温、耐磨、耐腐、耐老化性能及调整粘接力，改变粘接强度。此外，一般均可降低胶黏剂的成本，给使用者带来经济效益。

填料的种类按其外形不同一般分为粉末状的、颗粒状的、片状的、纤维状的。粉末状的有石粉、瓷粉、硅藻土粉、滑石粉、石墨粉、玻璃粉、云母粉、石棉粉、金刚砂粉、石英粉、水泥粉、钛白粉、立德粉、尼龙粉、塑料粉、磁粉、金粉、银粉、铁粉、铝粉、铜粉、锌粉、氧化铁红粉、二硫化钼粉等；颗粒状的有石子、砂子、砾石、各种金属颗粒和塑料颗粒等；片状的有棉布、绸布、亚麻布、玻璃纤维布、硅酸铝纤维布、无纺布及纸片等；纤维状的有棉纤维、亚麻纤维、玻璃纤维、岩棉纤维、硅酸铝纤维、碳纤维等。

对填料一般有以下要求：①分散性好；②与黏料亲和性好；③无活性，与胶黏剂中其他成分不发生化学反应；④不含水分和其他有害物质；⑤外形较均匀；⑥来源广，成本低。

填料的种类、外形及添加量对胶黏剂的性能影响较大。填料一般是在使用前加入胶黏剂中，搅拌均匀后便立即使用。添加量一般需根据使用目的，通过模拟试验的方法来确定。

随着纳米材料制造技术的发展，许多填料也可加工成纳米级。如果将纳米级填料按不同的配比和工艺加入胶黏剂中，将会产生许多意想不到的纳米效应。所谓的纳米胶黏剂，主要依靠纳米级的填料来体现相关性能。

2.3　胶黏剂的选用

如何正确地选用胶黏剂，是粘接修理工作者必须掌握的基本知识之一。选用胶黏剂不当，不仅收不到良好的粘接效果，还容易导致粘接失败。

选用胶黏剂的基本原则是依据粘接的目的要求、被粘物的性能和胶黏剂特点进行综合评价后，再优而择之。其中最基本的依据，是被粘物材料和胶黏剂要有较好的亲和性。遇到具体问题时，还应根据各方面的实际情况正确地选用胶黏剂，方可达到预期最佳效果。

2.4　胶黏剂的使用

胶黏剂的使用方法，就是使用胶黏剂操作的全过程，实质上就是粘接技术。

胶黏剂最一般、最简单的使用方法只有两个步骤，即涂胶和黏合。然而，绝大多数粘接应用实例中，用这样简单的使用方法是无济于事的。这样简单的使用方法，解决不了各种复杂的粘接工作，尤其是难以解决高科技含量的粘接工程。从本书第 6 章介绍的部分实例中，读者将可获得深刻的体会。

总的来说，不同的胶黏剂有不同的使用方法。换句话说，胶黏剂的使用方法不是千篇一律、一成不变的。只有下功夫研究胶黏剂的使用方法，不断地改进、创造使用胶黏剂的新方法，才能不断地提高粘接技术水平，才能使胶黏剂发挥应有的作用，才能多、快、好、省地解决更多的粘接问题，才能创造更大的经济效益。

本书第 3 章介绍的粘接基本工艺，是粘接修理工作者必须掌握的、使用胶黏剂的最基本方法。第 6 章中所介绍的胶黏剂的使用方法也都是可借鉴的好方法。应用者不要生搬硬套，应该根据粘接修理中的实际情况，举一反三，灵活应用，努力创新，制定出一套切实可行的使用方法，这样才能显示出较高的粘接修理技术水平，解决更多的修理难题。

2.5　胶黏剂的清除

胶黏剂在使用过程中，经常遇到清除的问题。一是为了满足文明施工需求，将施工范围内不需黏附胶黏剂的地方清除掉；二是粘接修理或粘接组合时，需要将被粘物进行重复粘接。

"粘接容易，除胶难"，这几乎是所有粘接技术工作者的共同感受。这里讲的除胶难，是指将两个被粘接物粘接后，想要在不损（破）坏被粘接物的情况下，将胶黏剂清除掉，而使被粘物重新分离开。

下面介绍一些基本的胶黏剂的清除方法供大家参考。

（1）水基胶黏剂的清除方法　水基胶黏剂是以水为溶剂，一般来说，用清水、热水、碱水都可将这类胶黏剂用擦洗或浸泡法清除掉。

（2）有机溶剂型胶黏剂的清除方法　一般用同种、同类溶剂或混合溶剂，通过浸润、溶解的方法进行清除。

（3）热塑性和可塑性胶黏剂的清除方法　一般采用刮、铲、磨、擦、熔或同时伴随加温、加热的方法，将这类胶黏剂清除掉。

（4）热固性胶黏剂的清除方法　热固性胶黏剂在粘接前一般都呈线型结构，流动性好，加热可软化，还可溶于溶剂，但粘接固化后则呈牢固稳定的网型、链状结构，其粘接力、内聚力和硬度都较大，加热不会再软化，在溶剂中也不会再溶解，因此，很不容易清除。目前较好的办法是击打法、震动法和火烧法，即用冲击力、震动力和火烧的力量将胶黏剂破坏，从而使被粘物分离，再用机械法（如铲、刮、磨、削、喷砂等方法）或火烧法将胶黏剂彻底清除。

用化学反应法清除热固性胶黏剂是非常理想的方法。如 WP 系列特种无机胶黏剂，可以用 1 号除胶剂（冷除胶剂）和 2 号除胶剂（热除胶剂），通过化学反应的方法将其清除，即将黑色的、坚硬的 WP 胶黏剂变成浅蓝色的、疏松的胶质，很容易清除。

2.6　胶黏剂的贮存

　　胶黏剂都有一定的贮存期。不同的胶黏剂，因其性能不同，贮存条件也不同。胶黏剂的贮存期与贮存条件（如湿度、温度、通风条件等）有密切的关系。为了确保胶黏剂在有效期内性能基本不变，应该严格控制贮存条件。

　　对于包装完整、密封良好的胶黏剂，一般都宜贮存在低温、阴凉、通风、干燥、清洁卫生处。

　　对于密封、包装欠佳的胶黏剂（主要是经常使用后，剩余的胶黏剂已经不能保证原有的良好的密封、包装质量），应根据胶黏剂的物理化学性能、相互影响（破坏）性及卫生安全、可靠性，来进行分类、隔离，保存于干燥、阴凉处。

　　有些特种胶黏剂，若对贮存条件有特殊要求，例如对贮存环境的温度（主要是要求低温贮存）、湿度、防振、防压、防火、防光、防倒置等有一定的要求，则一定要按照其要求执行。

　　现将一些常用胶黏剂的贮存条件介绍如下。

　　(1) 环氧树脂类胶黏剂的贮存　该类胶黏剂一般宜贮存于干燥、阴凉、通风的室温环境中。其单组分胶黏剂贮存期一般为半年，双组分胶黏剂贮存期一般为1～5年。

　　(2) 无机胶黏剂的贮存　该类胶黏剂一般宜密封贮存于通风、干燥处。该类胶黏剂多半为水性，贮存处的温度应大于0℃。其单组分胶黏剂宜防潮、防冻。双组分胶黏剂的A组分一般为粉末状，贮存时主要注意防潮问题；B组分一般为水性胶液，贮存时主要注意防冻和密封问题。

　　(3) 溶剂型胶黏剂的贮存　该类胶黏剂贮存时，重点是注意密封好，要常温、避热、避晒、远离火种、有防火措施等。

　　(4) 水性胶黏剂的贮存　该类胶黏剂一般宜贮存于温度大于0℃的阴凉处。

　　(5) 聚氨酯类胶黏剂的贮存　该类胶黏剂分为多异氰酸酯胶黏剂和聚氨酯胶黏剂。前者应密封避光低温贮存，严防水分混入，贮存器皿不能用金属物品，也不能用橡胶或软木塞、盖，否则易引起胶液变质；后者切勿低温贮存，以防凝胶。该类胶黏剂一般为双组分，A组分贮存期一般可达2年；B组分若能避免与水或其他含活泼氢物质接触，贮存期可达6～12个月。

　　(6) 氯丁系列胶黏剂的贮存　该系列胶黏剂应密封贮存于室温（5～30℃），应避晒、避热、避火源，其贮存期一般为6～12个月。

（7）α-氰基丙烯酸酯类胶黏剂的贮存　该类胶黏剂应在密封、干燥、低温、阴凉、避光处贮存。用玻璃材质器皿比用塑料材质器皿的贮存期长，一般为1年。

（8）热熔胶类胶黏剂的贮存　该类胶黏剂应在隔热、避光、避晒的室温环境条件下贮存。

（9）厌氧胶类胶黏剂的贮存　该类胶黏剂应在避光、阴凉、空气充足处贮存。切勿将该类胶黏剂倒入铁制容器中贮存。包装材料宜选用聚乙烯容器，但千万别装得太满，即瓶子上部要留有足够空间的空气，以免因隔绝空气（缺氧气）而聚合变质、失效。

（10）乳液类胶黏剂的贮存　该类胶黏剂应在0～40℃的环境中贮存，特别要防止低温造成冻结破乳、聚合、凝胶而失效。

（11）丙烯酸酯类胶黏剂的贮存　该类胶黏剂多属双组分胶黏剂。在贮存时，必须将两组分隔离密封，存放于干燥、通风、低温、阴凉处。

（12）聚醋酸乙烯乳液类胶黏剂（乳白胶）的贮存　该类胶黏剂贮存时，应避免直接装入钢铁金属容器内，而应该选用塑料、玻璃和陶瓷材质的容器进行包装。宜存放于5～30℃的室温处，要加强防冻举措，一旦结冰，胶液破乳，即失去黏性。该类胶黏剂贮存期一般为1～2年。

2.7　胶黏剂的鉴别方法

掌握胶黏剂的鉴别方法对一个粘接科技工作者和粘接技术操作工来讲是十分重要的。通过对胶黏剂的鉴别，能了解胶黏剂的性能和组成，为科技生产活动提供科学数据，为合理地选择胶黏剂和有效地使用胶黏剂找到正确的依据。

鉴别胶黏剂的方法大致分为快速初步鉴别法、化学分析鉴别法和物理化学鉴别法。

随着科学技术的发展，化学分析鉴别法和物理化学鉴别法的水平提高很快，气相色谱、液相色谱、拉曼光谱、红外吸收光谱、紫外吸收光谱、核磁共振谱等分析方法和各种分析仪器的联合作用，使胶黏剂中微量的组成成分都可以鉴别出来。

胶黏剂的快速初步鉴别就是利用一些简单的手段，初步地对胶黏剂做出鉴别。目前比较成熟的、简单易行的快速初步鉴别的方法是燃烧鉴别法。

各种胶黏剂都具有各自的燃烧特性。一般来说，无机胶黏剂具有不燃性，即烧不着，无火焰；而有机胶黏剂是能够燃烧的、有火焰的，或者是比较难烧着、无火焰、冒黑烟，或者虽然有火焰，但是离开火源后火焰又自熄了。

　　燃烧鉴别法的关键是观察火焰的色彩，闻其气味，听其声响，最后做出正确判断，才能达到鉴别的目的。具体的操作方法是：用细小玻璃棒挑取一些胶黏剂的试样在酒精灯上点燃，先观其色，听其声，然后闻其味。如果是无机胶黏剂，不燃烧（不炭化），无气味，烧久了会冒白烟，或者胶体变色、变形、发泡。如果是水溶性有机胶黏剂，首先是发生水分蒸发导致爆裂声，然后其有机成分被燃烧，出现不同颜色的火焰特性；如果是含有机溶剂的有机胶黏剂，则发生一次性燃烧，火焰出现特定的色彩，吹熄后可闻到不同的气味。

　　下面介绍一些胶黏剂的燃烧现象，供鉴别时参考。

　　（1）有机硅树脂胶、氨基树脂胶　烧不着，最终被炭化。

　　（2）硝化纤维素基胶黏剂　会出现爆发性的燃烧现象。

　　（3）聚乙烯基胶黏剂　点火就着，火焰底部呈蓝色，上端显黄色，离开火源后能产生很多烟尘，继续自燃，可闻到类似点蜡烛时的气味。

　　（4）酚醛树脂基胶黏剂　难烧着，烧着后呈黄色火焰，可闻到甲醛、苯酚的怪味，胶体膨胀后龟裂。

　　（5）丙烯酸酯树脂基胶黏剂　燃烧较慢，呈黄色火焰，火焰端头发蓝，冒黑烟，有特殊臭味，胶体燃烧到一定时候产生龟裂现象，伴有呈黄色的小碎片剥落。

　　（6）尼龙胶　燃烧较慢，呈蓝色火焰，火焰端头发黄，有特殊气味，胶体烧熔后发泡。

　　（7）聚苯乙烯胶　点火可着，燃烧时冒浓黑的烟，火焰呈橘黄色，可闻到苯乙烯味。

　　（8）醋酸纤维素胶　点火就着，火焰呈暗黄色，伴有一些黑烟，有醋酸味。

　　（9）聚氯乙烯胶　燃烧时发白烟，呈黄色火焰，下端边缘显绿色，有氯气味。

　　（10）脲醛树脂胶　燃烧困难，显弱黄色，火焰顶端带蓝绿色，有强烈的甲醛味，胶体烧至膨胀状后燃烧部位发白。

　　（11）聚酯胶　点火易着，发黑烟，火焰为黄色，火焰端点发蓝，有特殊味，胶体可烧至膨胀龟裂。

　　（12）聚醋酸乙烯酯胶　点火可着，产生黑烟灰，呈暗黄色火焰。

　　（13）三聚氰胺树脂胶　难燃烧，呈淡黄色火焰，有氨和甲醛味。

（14）聚偏氯乙烯胶　很难燃烧，有氯气味。

（15）聚乙烯醇缩丁醛胶　可点着，黄色火焰下边发蓝色，有乙烯和醋酸的气味；烧熔后，落下物会继续燃烧。

燃烧鉴别法虽然简单易行，然而值得注意的是，在闻其味时，千万不要用鼻子对着气味猛吸猛闻，应该用手掌扇动其味，使气味慢慢飘进鼻孔，闻着即止。因为许多胶黏剂燃烧时发出来的气味都是对人体有害的，人体吸收过量往往会引起种种不适，轻者头痛、作呕、恶心、烦躁不安，重者呕吐不止、肚痛难忍，甚至休克亡命。假如胶黏剂中含有氟的成分，在燃烧时将会放出光气，光气是无情的杀手，人们不得不严加提防。因此，燃烧的试样取量宜少而不宜多，也就是说，宁肯多烧几次，也不要一次取量太多，燃烧得太久。

第3章 粘接技术

前面论述过粘接技术的重要性。如果说胶黏剂恰似面粉，那么粘接技术就恰似面粉加工技术。如果胶黏剂相当于米，那么就可把粘接技术看成是巧妇，再想想"巧妇难为无米之炊"之说，更加可以理解胶黏剂和粘接技术关系是何等密切。可以说，如果没有粘接技术，胶黏剂就不能发挥很好的用途；如果没有粘接技术，就没有粘接这门学科。

本章重点介绍粘接技术基本工艺、影响粘接强度的主要因素、特种粘接技术、粘接维修技术等几个方面的内容。

3.1 粘接技术基本工艺和粘接操作基本步骤

无论一种胶黏剂的性能怎么优良，它也无法完全保证粘接工作的绝对成功和完美，只有按照能够满足胶黏剂和实际需要的各种工艺条件去使用胶黏剂，才有可能达到预期的、较完美的效果。这里所说的"各种工艺条件"，指的就是粘接技术基本工艺。

3.1.1 粘接技术基本工艺

3.1.1.1 粘接前处理工艺

① 选择合理的粘接方案。确定选择单纯的粘接方案，还是复合的粘接方案。

② 选择合理的胶黏剂。从粘接的实际需要和经济成本的角度选择不同性能的胶黏剂。

③ 选择合理的接头形式。一般来说应该先选择套接头、槽接头及平面搭接头形式，尽量回避对接接头形式。

④ 选择相关工具。包括对清理工具、调胶工具、施胶工具、加压固化工具、加热固化工具的选择，选择好的工具能提高效益、保证质量。

⑤ 选择合理的表面处理技术。一般的粘接技术要求在粘接涂胶前用各种表面处理手段和技术，将被涂胶表面的油、水、污垢及氧化膜全部清理干净，使胶黏剂能涂覆在很清洁的被粘接材料的基体上，这样才能收到很好的粘接效果。此外，利用表面处理技术将被粘接表面按实际需要处理至不同的光亮度和粗糙度，才能得到不同的粘接强度和粘接应用效果。

3.1.1.2　粘接工艺

① 选择合理的粘接环境。
② 选择合理的配胶工艺。
③ 选择合理的施胶工艺。
④ 选择合理的露置时间。
⑤ 选择合理的粘接操作手法。一般的粘接操作手法是对粘接面施以适当的挤压、旋转、搓动、定位。

3.1.1.3　粘接后处理工艺

① 选择合理的固化压力。
② 选择合理的固化温度。
③ 选择合理的固化时间。一般来说，加压、加温固化，可提高粘接强度、缩短固化时间。

3.1.2　粘接操作基本步骤

粘接前处理工艺、粘接工艺、粘接后处理工艺被称为"粘接技术三部曲"，共 13 个步骤，下面一一详述。

3.1.2.1　选择合理的粘接方案

这个问题被很多人忽视，一般人认为，既然是粘接技术，只考虑用胶去粘，粘不住便罢，其实，任何一种技术都有它的局限性，都有长处和短处，如果同时采用几种技术来处理问题，往往就能取长补短，就能解决更多的问题，创造更大的经济效益。

实践证明，没有万能的技术，粘接技术也存在局限性。当粘接技术满足不了实际的要求时，就应该考虑选择与其他技术结合起来使用的方案，以便解决更多的实际问题。

例如，当粘接面积受到限制，单一的粘接方案不能获得较理想、较可靠的粘接强度时，当被粘处要承受较大的冲击负载时，就可选择复合的粘接方案，即选择粘接与铆接结合、粘接与焊接结合、粘接与机械连接结合的方案。或者先粘后焊，或者先焊后粘，或者先粘后铆，或者先铆后粘，或者边粘边铆。粘接借用焊接、铆接的作用提高粘接处的承载能力，特别是抗冲击能力。焊接和铆接则依赖粘接的作用，不仅增加了连接处的结合力，而且有效地避免了应力集中问题，从而大大提高或改善了焊接和铆接的效果。从断裂力学的观点来看，应力并不可怕，怕的就是集中，因为应力集中是导致断裂事故的根本原因之一，而粘接的胶层是分散应力的一种途径。许多事实证明，单一的焊接、铆接或粘接方案的连接效果，无论是连接强度或者使用寿命，都没有复合的连接效果好。铆接技术应用于粘接技术中，可起到定位粘接、增加固化压力、控制胶层厚度、增加粘接强度等多重作用。

与粘接相关的机械连接有三种最基本的形式，即板桥式（图 3-1）、暗销式（图 3-2）、波浪键式（图 3-3），还可以采用粘接织网的复合粘接方案。类似的道理，粘接与机械连接相辅相成，两者有机结合，会带来联动的连接效果，既能提高连接强度，又能分散应力，增大应用价值。

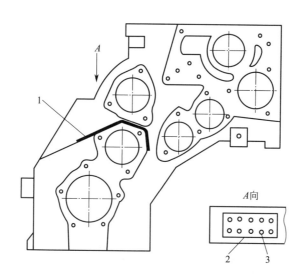

图 3-1　板桥式
1—板桥（钢板）；2—胶黏剂；3—螺钉

在进行粘接前的准备工作时，多考虑几种粘接方案，选择最佳的复合粘接方案，是明智之举，复合粘接方案是提高粘接技术水平的关键。

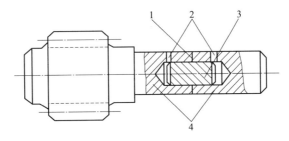

图 3-2 暗销式

1—胶黏剂；2—排气孔；3—固定销（暗销）；4—杆柄

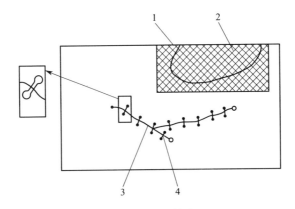

图 3-3 波浪键式

1—损坏处；2—粘接金属网或玻璃纤维布；3—裂纹；4—金属扣（波浪键）

3.1.2.2 选择合理的胶黏剂

　　胶黏剂是完成粘接技术的基础。常言道，"皮之不存，毛将焉附"，没有胶黏剂哪有粘接技术。当选择了合理的粘接方案后，就该认真选择合理的胶黏剂。不同的胶黏剂具有不同的性能特点，其用途和粘接工艺都有所不同。换句话说，不同的被粘物材料、不同的粘接目的，应该选择不同的胶黏剂。可想而知，如果用胶不当或者说没有选择好合理的胶黏剂，粘接技术也不能发挥正常作用，更不可能达到预期的粘接效果和目的。

　　选择胶黏剂时，有两个基本原则：一是从实际需要出发，二是从经济成本方面考虑。前者主要考虑被选择的胶黏剂的性能是能否满足使用的要求，后者主要避免用高射炮打蚊子，造成不必要的经济损失。

　　下面介绍几种常用胶黏剂的基本特性。

（1）环氧树脂胶黏剂（号称第一代万能胶）的基本特性

① 粘接强度高，收缩率较小。

② 可加工性好，但性脆。

③ 耐介质和电绝缘性好。

④ 耐冲击力差，耐老化性差。

⑤ 粘接范围广，可粘接大部分金属和非金属材料。

⑥ 可加温固化，也可常温固化（常温下彻底固化需 72h）。

（2）α-氰基丙烯酸酯胶（代表性产品是 502 胶，号称第二代万能胶）的基本特性

① 固化快，一般小于 30s，彻底固化需 24h。

② 单组分，使用方便。

③ 硬度：78～89HRC。

④ 有刺激性气味，宜低温保存；否则保存期短，一般为 6 个月。

⑤ 粘接范围广，可粘接许多材料，如金属、橡胶、有机玻璃、硬质聚氯乙烯等。

（3）氯丁橡胶胶黏剂（号称第三代万能胶）的基本特性

① 黏附性好，内聚力强。

② 耐热性好，有弹性，有毒性。

③ 耐臭氧、耐水、耐油、耐老化、耐化学介质性好。

④ 耐低温性差，低于 40℃时，性能大大下降。

⑤ 贮存稳定性差，一般贮存期为 12 个月。

（4）无机胶黏剂的基本特性

① 耐高、低温性好（－254～3200℃）。

② 耐老化性好，一般大于 30 年。

③ 耐化学介质性好，不会生锈。

④ 性脆，不抗冲击。

⑤ 一般无毒、无味，成本较低。

选择胶黏剂时，要尽量选择与被粘物的物理化学性能及线膨胀系数近似的胶黏剂，以免产生有害的内应力，导致失败。

3.1.2.3　选择合理的接头形式

胶黏剂的应用价值在于用它制成的粘接接头具有一定的能够承受外力作用的能力。因此，在制作一个粘接接头之前，首先要弄清被粘接物材料的性质及其粘接接头的受力情况，并根据被粘接物的使用要求、被粘接材料的性

质和胶黏剂具体情况来设计选择合理的接头方式。缺乏经验的人，往往不太注意粘接接头形式的选择和设计，也不太注意被粘物材料性质对粘接接头的影响情况，往往单纯地追求选择高性能、高强度、高价格的胶黏剂，因此，事倍功半，得不偿失，甚至导致粘接工作失败。下面介绍粘接接头设计的有关知识。

（1）高分子材料的拉伸现象　高分子材料的拉伸现象比金属材料要复杂些。不同类型的高分子材料拉伸曲线差别很大。高分子材料的拉伸曲线大体分为三种类型，即强韧性高分子材料、脆性高分子材料以及中间类型的高分子材料。

一般用作结构胶黏剂的高分子材料多是以热固性树脂为主体，加入适当增韧剂组成，应属于较强韧型的高分子材料。这类材料拉伸时的行为如图3-4 所示。

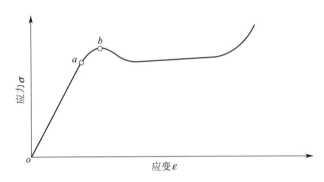

图 3-4　强韧型高分子材料应力-应变曲线

开始的一段为弹性形变阶段，即图中的 oa 部分。这一阶段的应力-应变关系服从虎克定律。但其弹性模量比金属低得多（即直线较平）。图中 a 点为比例极限。再拉伸时即很快达到屈服点 b。超过 b 点后，稍稍加大或甚至不增加力即可产生很大形变。此时试样被拉伸产生颈缩，然后断裂。在很多情况下屈服点表现得不像图中那样明显。一个粘接接头被拉伸时，超过屈服点之后即没有多大实用价值。因此。在做强度设计时，应使应力小于屈服极限。

脆性高分子材料如纯酚醛塑料拉伸时的应力-应变曲线与其他脆性材料类似，在应力达到屈服点之前即发生断裂。

由于高分子材料耐热性不高，其拉伸时的应力-应变曲线对温度很敏感。例如有机玻璃在室温以及较低温度下呈脆性破坏，而在 60℃ 以上即呈现典型的韧性破坏。

高分子材料拉伸时的应力-应变曲线受拉伸速度的影响较大，这与金属材料的性能有较大差别。通常，拉伸速度大时，测出的弹性模量较高，但伸长率较低；拉伸速度较低时，测出的弹性模量较低而伸长率较高。正因为如此，在做粘接接头的强度测试时，有必要规定试验机的加荷速度。

（2）粘接接头的受力状况　粘接接头受外力作用时，根据外力的方向与力在接头中的分布情况可分为四种类型，如图 3-5 所示。

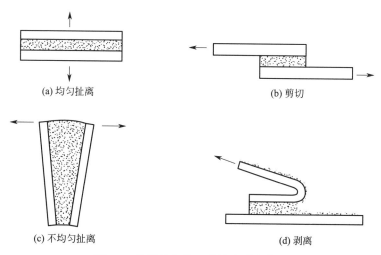

图 3-5　粘接接头的四种基本受力类型

① 均匀扯离　外力与粘接面垂直并均匀分布在整个粘接面上，见图 3-5（a）。

② 剪切　外力方向平行于粘接面并平均分布在粘接面上，见图 3-5（b）。

③ 不均匀扯离　力的方向垂直于粘接面但并不均匀分布在整个粘接面上，见图 3-5（c）。

④ 剥离　外力方向与粘接面成一角度并集中分布在粘接面的一条直线上，见图 3-5（d）。

当应力分布不均匀时，则在应力较大的部位首先破坏从而造成整个接头的破坏。因此，在设计一个粘接接头时，首先必须考虑接头在外力的作用下粘接面上各部分的应力分布情况。接头的应力分析是比较复杂的，这里只能举例定性说明。

首先讨论应用最多的单搭接接头，如图 3-6 所示。设它是由两块同样的金属板做成，用力 P 将试片拉伸，试样受力为剪切力。假设胶黏剂的弹性模量比被粘接物的弹性模量大，则在接头端点处的被粘物被强烈拉伸，在胶黏剂与被粘接物界面产生较大的剪切力，而接头中心部位由于胶黏剂与被粘物间相互制约，剪切应力比端头部位要小。即应力在整个粘接面上分布不均匀。应力在接头某些部位比平均应力高的现象称为应力集中。

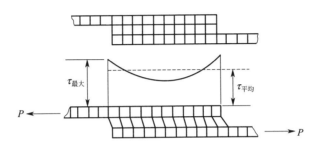

图 3-6　单搭接接头拉伸时的剪切应力分布

设总载荷为 P，搭接面积为 S，则平均剪切应力 $\tau = \dfrac{P}{S}$。若端头部位的最大应力为 $\tau_{最大}$，则 $\eta = \dfrac{\tau_{最大}}{\tau_{平均}}$ 称为应力集中系数，表示应力集中程度。η 越大，应力集中越显著，就越容易导致粘接接头在该部位首先破坏。

若胶黏剂的弹性模量比被粘物的弹性模量低，胶黏剂即较易产生形变，则可将应力更多地引向接头中心部位而减小应力集中。但是，此时整个接头的形状稳定性较差。

有人对同种被粘物材料的单搭接试样的应力集中进行了详细研究，发现：①搭接长度小，应力集中也小；②被粘材料越厚，应力集中越小；③胶黏剂层越厚，应力集中越小；④胶黏剂的柔韧性越大，应力集中越小；⑤被粘物越易弯曲，应力集中越小。

在实际应用中，以上条件往往不能完全满足。比如被粘物材料及尺寸不能任意选定，胶黏剂层不能做得很厚很软，搭接长度也不能做得太小等，因此在这种接头中一般都存在应力集中。图 3-7 即为两种不同形式的单搭接接头的粘接强度对比。从图中可见，将被粘物搭接面的背面削尖，使被粘物较易变形，减小应力集中，从而提高了粘接强度。其他一些较好形式的接头可参看图 3-11。

单搭接接头的受力情况也不是理想的单纯剪切力，如图 3-8 所示。因为

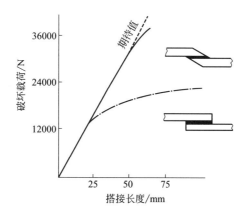

图 3-7　两种不同形式的单搭接接头的粘接强度对比

被粘物都有一定的厚度，设为 t，当接头两端受力 P 作用时，因为 P 的作用线在试片厚度中心，即与胶层距离 $\frac{1}{2}t$ 处，这样就形成了一个力矩 $\frac{1}{2}Pt$ 作用的接头处。在此力矩作用之下，接头端部产生了剥离力，接头便产生如图 3-8 所示的形变，加剧了应力集中。因此，在采用这种接头时，往往在接头两端部用铆钉或螺钉，以防止剥离。

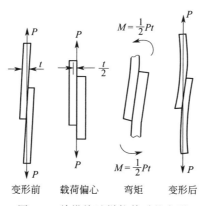

图 3-8　单搭接试样拉伸时的变形

对接接头受拉力作用时的形变如图 3-9 所示。为简便起见，设被粘物是两块薄板，此时胶层除在力的作用方向被拉长外，还产生横向收缩。设胶层的纵向应变为 ε_1，横向应变为 ε_2，则 $\mu = \dfrac{\varepsilon_2}{\varepsilon_1}$ 称为胶层的泊松

比。显然，泊松比表示材料拉伸或压缩时横向应变与纵向应变的数量
关系。

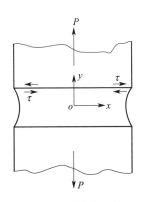

图 3-9　对接接头的
应力及形变

由图 3-9 可看出，在胶层中心部分，除有沿外力方向的拉应力外，还有一个横向应力，此应力与泊松比成正比。在粘接界面区，由于被粘物使胶黏剂的形变受到约束，不能自由形变，因而产生了较中心部位大的横向应力，从而在界面区形成应力集中。不过整体来看应力集中并不大，因此通常对接接头被推荐用作胶接强度的测试试样。但在实际应用上并不广泛，因为它的黏合面积小，而且外力方向稍一偏斜即变成不均匀扯离力，这就大大降低了粘接强度。

斜接接头的应用比对接接头广泛，如图 3-10 所示。在拉力 P 作用下，在粘接面上产生一个与粘接面平行的剪应力 τ 和一个垂直于粘接面的拉应力 σ。显然，斜角 θ 越小，剪切应力 τ 越大，拉应力 σ 越小，此时的粘接面积也越大。当 $\theta = 90°$ 时即为对接接头，$\theta = 0°$ 时即为单搭接接头。很明显，在实际应用中 θ 应取较小值，以增大粘接面积，减小拉应力，增大剪切应力。这种接头的应力集中较小，因此应用较广。

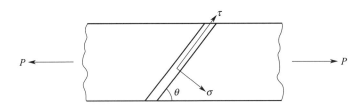

图 3-10　斜接接头的受力状况

（3）接头设计　设计一个粘接接头时，必须综合考虑各方面的因素，如受力的性质及大小、加工可能性、经济性、粘接工艺的要求等。

粘接接头可大致分为四种类型，即角形接头、丁字形接头、对接接头和平面形接头。表 3-1 中按不同受力情况给出了较合理的接头形式。表中各种接头形式虽不能包罗实际工作中遇到的一切情况，但深入了解所列各种接头形式后，对解决接头设计有一定的帮助。

表 3-1　各种接头形式

接头类型	受力情况	接头形式
角形接头		

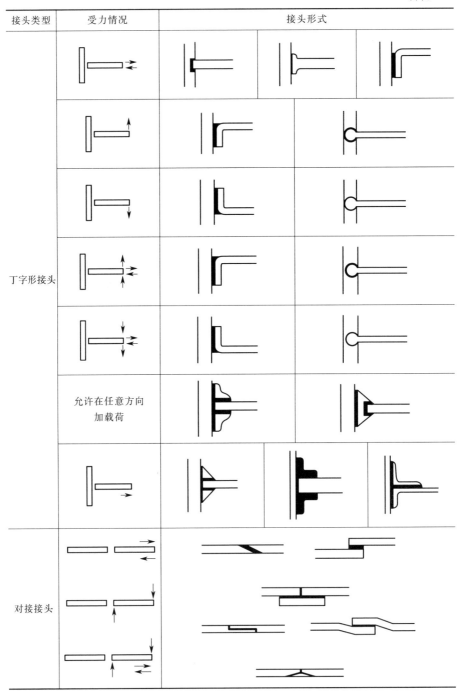

接头类型	受力情况	接头形式

接头类型	受力情况	接头形式
对接接头	允许在任意方向加载荷	
平面形接头	允许在任意方向加载荷	

续表

接头类型	受力情况	接头形式
平面形接头	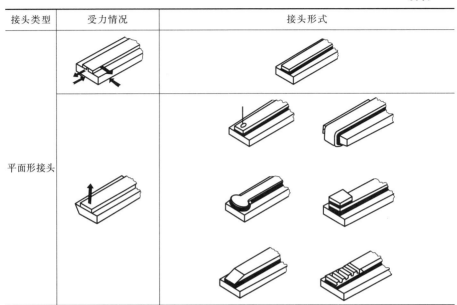	

最后强调一下，进行粘接接头设计时，应参照以下几项基本原则。

① 制造简单，成本低，外形美。

② 装卸容易，使用方便。

③ 尽量设计套接接头和槽接接头形式，尽量避免胶层受到不均匀作用力。

④ 选择最有利的受力形式，一般来说有抗压力、抗拉力、抗剪力、抗剥应力、抗冲击力五种受力形式，应该尽可能设计前面的受力形式。

⑤ 根据实际的需要，尽量设计较大的粘接面积。

⑥ 有利于防止有害介质的入侵。

⑦ 根据材质的性能（线膨胀系数、强度、透明度、粗糙度、光亮度、耐候性、耐介质性等）设计合理的结构。

⑧ 以多、快、好、省为目的，考虑借用机械连接、焊接、铆接等其他局部加强措施，形成复合的接头形式。

3.1.2.4　选择有关工具

研究、设计、制造应用好各种先进的工具，就能提高粘接效果，提高工作效率。科学、文明、先进的粘接工具，是粘接技术水平高的标志之一。

前面介绍过，有关工具主要包括清理工具、调胶工具、施胶工具、加压固化工具、加热固化工具等。一般来说，这些工具没有固定的规格，也不便做统一规定。大多数工具都可借用机修、建筑、五金、交电、电器等行业的各种通用工具，或者借鉴这些工具进行改制，甚至模仿、重新设计制造。

在选用、改制工具时，一切要从实际出发，满足粘接工程的需要，一般应遵循以下基本原则。

① 使用方便，价廉物美。

② 先进可靠，能提高效率。

③ 十分安全，不会引发事故。

④ 不会影响粘接效果。

比如，清理工具有手工工具、机械工具、自动化工具等。如果被粘接物结构简单，量又少，价值也不高，就尽可能选择手工工具来完成清理（油、锈、垢）的工作；如果被粘接物结构复杂，量又大，价值又高，就尽可能选择自动化清理工具。若选的胶黏剂会与黄铜发生反应，影响该胶黏剂的质量，那么在选择工具时，就要避免选用黄铜制作的各种工具。若使用的胶黏剂在调配过程中有放热反应，并且有污染问题，那么，就要多考虑怎样选择或设计带有制冷条件的调胶工具，并附有较好的隔离设施。在设计制造调胶工具和施胶工具的几何形状时，要尽量考虑与被粘物施胶处的几何形状相吻合。加压固化工具和加温固化工具也要因势利导进行合理的选择和设计。

3.1.2.5　选择合理的表面处理技术

粘接现象产生在被粘接材料的表面，一般来说，被粘接材料表面的油、锈及结构状况对粘接强度和粘接效果有很大的影响。粘接工必须学会在粘接前如何根据被粘接材料的性质、表面状况、粘接原理及粘接目的对粘接材料进行各种表面处理工作。

除油的基本方法如下。

物理方法：手工打磨、机械擦洗、溶剂溶解、乳化清理等。

化学方法：化学蒸煮、皂化反应等。

电化学方法：电解除油、阴阳极除油、超声波清洗等。

火焰处理方法：用火将油烧尽。对表面粗糙、材质疏松工件（铸件等）中的油污用该法简单易行，常常被粘接维修工采用。

（1）处理材料表面油垢的方法　一般来说，油污会在材料表面形成油膜，油膜会影响材料表面覆盖层和黏附层与材料基体的结合力。因此，被粘接的物件和需表面处理的零件一样，必须先进行除油处理。目前，常用的除油方法有下列几种，可根据具体情况选用。

① 有机溶剂除油　有机溶剂除油就是利用有机溶剂溶解油脂的特点，将油污除去。常用的有机溶剂有汽油、煤油、三氯乙烯、四氯化碳、乙醇等。大多数情况下都使用汽油，汽油价廉、毒性小且使用方便。只有少数情况下才使用其他溶剂，例如：在要求洗后表面洁净润水，直接进行表面覆盖的精密零件，采用乙醇清洗。

② 手工除油　在各工厂中，对一些特殊零件，如大型零件、光亮电镀零件等，使用一种简便、灵活的除油措施，用毛刷或抹布粘上除油剂，在零件上刷擦进行除油，这种方法通常叫作手工除油。

手工除油主要用于一些不便进行化学和电化学除油的、批量不大的零件。其特点是方便、简单、灵活，不受条件限制，能保持零件的光洁度，不腐蚀零件，故光亮电镀零件采用较多，如装饰镀铬的除油。

手工除油的除油剂常用质量较好的维也纳石灰、老粉，也可用去污粉等。

③ 化学除油

a. 化学除油的原理　化学除油是利用化学药品的化学作用，将油脂从零件上除去。其作用原理如下。

皂化作用：皂化油（动、植物油）在碱液中分解，生成易溶于水的肥皂和甘油，因而油污被除去。

乳化作用：非皂化油可以通过乳化作用将其除去。当油膜浸入碱液时，机械破裂而成为不连续的油滴黏附在零件表面。溶液的乳化剂起着降低油、水界张力的作用，减小了油滴对零件的亲和力，因而使油滴进入溶液中。同时，乳化剂在油滴进入溶液时吸附在油质小滴的表面，不使油滴重新聚集而再次沾污零件。

加温和搅拌都会加速油滴进入溶液，因而可以加快除油的速度，提高除油的效果，故在化学除油时采用较高的温度或者搅拌措施。也可用超声波来加快除油过程。

b. 化学除油的配方　化学除油溶液的成分含量（见表 3-2），允许变化范围较宽，一般无严格要求。苛性钠的含量太低时，除油效率低，但也不能太高，太高对肥皂的溶解度小，也会降低除油效果。对钢铁而言，一般都应控制在 50～100g/L 的范围内。对铜及铜合金零件，考虑到腐蚀性，一般都控制在 20g/L 以下。为了稳定溶液、控制苛性钠的含量变化，一般都加有磷酸钠和碳酸钠等盐类。它们水解生成碱可补充苛性钠的含量，其含量都比较高，大多在 50g/L 以上。乳化剂（水玻璃）的含量不宜高，特别是复杂零件的除油不宜多加，否则，若清洗不净，会在酸液中形成不易除去的硅胶，影响除油质量。

表 3-2　化学除油配方及工艺条件

溶液成分及工艺条件	配方		
	1	2	3
苛性钠(NaOH)质量浓度/(g/L)	30～50	10～15	10～15
碳酸钠(Na$_2$CO$_3$)质量浓度/(g/L)	20～30	20～30	20～50
磷酸钠(Na$_3$PO$_4$ · 12H$_2$O)质量浓度/(g/L)	50～70	50～70	50～70
水玻璃(Na$_2$SiO$_3$)质量浓度/(g/L)	10～15	5～10	5～10
OP 乳化剂质量浓度/(g/L)			50～70
温度/℃	80～100	70～90	70～90
时间(除净为止)/min	20～40	20～40	15～30
电流密度/(A/dm^2)		10～15	

注：配方 1 通用于钢铁零件的化学除油；配方 2 适用于直流电解除油；配方 3 通用于铜及铜合金零件化学除油。

④ 电解除油

a. 电解除油的原理　电解除油时，电极上析出的大量气体有两个作用：猛烈析出的气泡起机械搅拌和剥离作用，因而加速了溶液对油脂的皂化和乳化作用；细小的气泡从零件表面通过油膜析出时，小气泡的周围吸附着一层油膜脱离零件带入溶液，这样油脂便被除去。

b. 电解除油的特点　电解除油与化学除油相比，有速度快、效率高、除油彻底等优点。

c. 电解除油配方及工作条件　电解除油配方中的苛性钠的含量可低一些，乳化剂可以不加或少加。电解除油时，若提高溶液的温度、增加溶液的导电性，则可提高生产效率。提高电流密度，使析氢加剧，析出的气体猛烈，可加快除油过程。在实际生产中一般采用的温度是 60～80℃，电流密度为 10～15A/dm^2。

电解除油在阴、阳极上都可进行，阴极除油与阳极除油特点各不相同。

阴极除油的优点：析出的气体为氢气，气泡小、数量多、面积大，因而除油效率高、不腐蚀零件；缺点：产生氢脆，有挂灰。

阳极除油的优点：无氢脆、无灰渣；缺点：效率低，对有色金属腐蚀性大。

由于阴、阳极除油具备的特点不同，故进行除油时，必须根据零件的材料、性质、要求而选择不同的方法。

对无特殊要求的钢铁零件，一般都先用阴极除油 5～7min，然后，用阳极除油 2～3min。这样可以综合阴、阳极除油的优点，而克服它们的不足。

对弹性大、强度高和薄壁的零件，为了保证其力学性能，一般都不用阴极除油，而只用阳极除油。

对在阳极上易溶解的零件，如铜及铜合金零件、锡焊零件等，则采用阴极除油。

除油质量的检查，一般是以润水而定，如果零件表面全部均匀润水，就认为是合乎要求，否则就需要重新进行除油。

（2）处理材料表面锈垢的方法 锈层，特别是疏松的锈层，会更加严重地影响材料表面覆盖层和黏附层与材料基体的结合力。因此，必须把被粘接材料表面的锈层处理干净，方可收到预期的、较佳的粘接效果。

除锈是表面准备工作的主要组成部分之一。除锈的方法有机械法、化学法和电化学法等。

① 机械法 机械法除锈在各工厂中常用的有喷砂、刷光、磨光、抛光、滚光等。

a. 喷砂处理 喷砂是用压缩空气流将砂子喷在零件表面上，利用砂子的冲击力将零件表面的锈垢除去。

喷砂处理在工业上应用较多，除了一些精密零件和有特殊要求的零件外，一般都可应用。喷砂处理特别适用于涂装的表面准备和作为涂装底层的电镀、氧化、磷化等表面准备工序。许多被粘物表面经喷砂处理能大大提高粘接强度。

喷砂使用的砂子主要是石英砂。所用的砂粒尺寸、空气压力需视材料和零件性质而定，如表 3-3 所示。

表 3-3 喷砂的粒度、压力和零件的关系

零件特征	空气压力/MPa	砂粒尺寸/mm
厚度在 3mm 以上的大型零件	0.3～0.5	2.5～3.5
中等铸件和厚度在 3mm 以下的零件	0.2～0.4	1～2
小型、薄壁、黄铜零件	0.15～0.25	0.5～1
厚度在 1mm 以下的板材、铝制零件等	0.1～0.15	＜0.5

喷砂用的喷嘴常用铸铁和陶瓷材料制成。喷砂时砂粒和压缩空气的消耗与喷嘴口径、空气压力、工作时间成正比。

经过磨砂处理后的零件应及时进行表面处理和粘接，不能及时进行表面处理和粘接时，要采取临时性防护措施。可放在碳酸钠或亚硝酸液中保存。

b. 刷光 刷光在装有刷光轮子的抛光机上进行。利用弹性很好的金属

丝的端侧峰切刮金属表面的锈皮、污垢等。它具有基本不改变零件几何形状的特点。

常用的刷光轮一般由钢丝、黄铜丝、青铜丝等材料制成。有时因特殊目的也可用其他材料制成。刷光轮的选择应视零件材料、性质、要求而定。一般硬质材料制成的零件选用较硬材料的刷轮；反之，选用较软的刷轮。

刷光轮的转速一般在 1200～2800r/min，根据如下两个因素控制：直径大的刷光轮，应用较低的转速；硬质金属材料的零件，选用较高的转速。

c. 磨光　磨光是利用磨光轮上磨料的尖锐棱角切削零件表面，从而达到去锈皮和整平零件表面的目的。

磨轮是用棉布和其他纤维织品制成的，外面包以牛皮，所以叫牛皮轮，有缝制和胶粘两种。磨轮上的磨料是用牛皮胶、明胶或其他动物胶粘上金刚砂而成。磨轮的圆周速度，缝制轮不应超过 20～25m/s；胶粘轮不应超过 30m/s。

磨轮粘砂的质量，对生产效率、使用寿命及生产质量影响很大。其关键是配制胶水和粘接操作。胶水的浓度，视金刚砂号数而定。砂粒越粗，使用的胶水浓度越高；砂粒越细，胶水浓度越低。例如，粘接 100～180 号砂用的牛皮胶，其浓度为 30% 左右。配制胶水时，将称量好的牛皮胶用所需的凉水泡胀，然后用水浴加热（不可直接加热）。

磨轮粘砂的操作过程如下：

首先，加热胶水（不超过 100℃），并且在 60～80℃ 下预热金刚砂及磨轮。

其次，刷第一层胶水，待干后再刷第二层胶水，并滚粘砂粒，要粘均匀并压紧。

最后，在 60℃ 左右进行干燥，也可在室温下干燥 24h。

需进行多次磨光的零件，采用先粗后细的步骤，并且后一次磨光时，应与前一次磨光的纹路呈交错或垂直状进行。

d. 抛光　抛光是利用抛光轮与抛光膏的精细磨料，对零件进行轻微切削和研磨作用，除去零件表面的细微不平，达到提高零件光洁度的目的。

抛光轮有布轮和毡轮。轮的大小、厚度视生产零件的特征和要求而定。抛光轮的最大圆周速度不应超过 35m/s。

抛光时的转速，以圆周速度进行控制。一般来说，硬质金属材料使用较高的圆周速度，较软的材料使用较低的圆周速度。

抛光使用的抛光膏有氧化铬（绿色）、氧化铁（红色）及氧化铝（白色）等几种。氧化铬抛光膏适用于抛硬质材料（铬镀层），氧化铁抛光膏适用于抛中等硬度的材料（铜、黄铜），氧化铝抛光膏适用于抛较软的材料（铝、镍镀层）。

抛光完后，黏附在零件上的抛光膏可在汽油中洗去。

e. 滚光　滚光是利用滚筒转动时，零件与磨料之间的摩擦进行磨削、整平和去掉零件上的毛刺及锈垢。

滚光有干法和湿法之分。干法滚光时使用砂子、金刚砂、碎玻璃及皮革等。湿法滚光时使用钢球、碎石块、锯末、苏打水、肥皂水或煤油等。

滚光的转速视零件的特征、滚筒的结构而定，一般在 $15 \sim 50 r/min$。转速太高时由于离心力大，零件随滚筒转动不能互相摩擦，起不到滚光作用；转速低了效率低。

② 化学腐蚀　化学腐蚀一般指的是强腐蚀（酸洗）。其原理是利用化学药品对金属材料的腐蚀性将其表面的锈皮溶解和剥离掉。

a. 黑色金属的强腐蚀　黑色金属的强腐蚀可在下列配方中进行。

配方一：盐酸 HCl（23°Bé）

配方二：硫酸 H_2SO_4（66°Bé）200g/L

配方三（混合酸）：

硫酸　H_2SO_4（66°Bé）　60％（质量分数）

硝酸　HNO_3（43°Bé）　40％（质量分数）

在配方一中酸洗零件的表面光洁度较好；在配方二中酸洗零件的表面光洁度较低，但去黑皮（氧化皮）较快。这两种配方可适当加温，提高腐蚀速度。配方三不宜加温，但在室温下其腐蚀速度较单酸要快。有黑皮的钢铁零件在酸洗时的反应（以硫酸为例）：

$$FeO + H_2SO_4 =\!=\!= FeSO_4 + H_2O$$
$$Fe_2O_3 + 3H_2SO_4 =\!=\!= Fe_2(SO_4)_3 + (3H_2O)$$
$$Fe_3O_4 + 4H_2SO_4 =\!=\!= FeSO_4 + Fe_2(SO_4)_3 + 4H_2O$$
$$Fe + H_2SO_4 =\!=\!= FeSO_4 + H_2 \uparrow$$

由上述反应式可以看出，在钢铁零件酸洗时，除了氧化物的溶解外，钢铁本身还会与酸作用，故有铁的溶解和氢的析出。这一过程会造成金属的过腐蚀和氢脆现象发生。

为了防止零件的过腐蚀和氢脆现象，往往向酸液中加入缓蚀剂。缓蚀剂具有在纯净的钢铁表面吸附成膜的特性，可隔离酸液与金属的接触，防止零件的过腐蚀和氢脆的发生；而且缓蚀剂不在氧化皮上吸附，故不会妨碍去锈过程。

缓蚀剂一般为有机化合物及其磺化产物，目前通常使用的有若丁、食盐、乌洛托品、石油磺酸、磺化猪血粉等。

缓蚀剂的加入量一般都很小，在 2% 左右就有显著的影响，使用缓蚀剂需注意其适用范围、使用温度等。

b. 铜及合金的酸洗　铜及合金的酸洗在下列配方中进行。

配方一：

盐酸 HCl（密度 1.19g/cm³）			
或硫酸 H_2SO_4	10%～15%	时间	30～60s
温度	室温		

配方二：

硫酸 H_2SO_4（66°Bé）	1 份	温度	室温
硝酸 HNO_3（43°Bé）	1 份	时间	3～5s
食盐 NaCl	2～3g/L		

配方三：

铬酐 CrO_3	30～90g/L	温度	室温
硫酸 H_2SO_4（66°Bé）	15～30g/L	时间	5～15s

配方一：为进行强腐蚀前的预腐蚀用，主要是除去零件表面的氧化皮。

配方二：为强腐蚀用，可得到光泽的表面，有时叫出光。

配方三：为出光和轻微钝化用，主要是除去强腐蚀时残存在零件表面的灰渣，并保持光泽。

除锈的基本方法有如下几种。

物理的方法：手工打磨、机械擦抛等方法。

化学的方法：强化酸洗、缓蚀酸洗等方法。

电化学的方法：电解酸洗或电解腐蚀等方法。

火焰清理法：对大面积、疏松的锈层，此法效果明显，省工、省时、成本低，实施前略对锈层喷洒一些水或稀酸溶液，除锈速度更快，效果更好。

（3）处理材料表面粗糙度的方法　表面粗糙度又称微观不平度，属于微观的几何形状误差，被粘接材料表面的粗糙度对粘接强度有较大的影响。同等级的粗糙度，对于不同的胶黏剂来说，有的可以提高其粘接强度，有的则会降低其粘接强度，因此，根据胶黏剂对材料表面粗糙度不同的要求，用不同的处理方法获得不同的粗糙度，就可得到不同的粘接强度，达到不同的粘接目的。

有些专家学者认为，被粘表面越粗糙，越能获得较大的粘接强度；也有的专家学者认为，被粘接表面越光滑，越能获得较大的粘接强度；其实这两种观点，都具有片面性，他们或许只发现某些胶黏剂具有这种性质，不曾了解另外一些胶黏剂恰恰具有与此相反的性质。

不同的粗糙度对粘接的影响主要取决于胶黏剂的性质，取决于胶黏剂不同的粘接原理。如果胶黏剂的黏度比较大，内聚力比较大，以扩散、机械、连接、物理吸附作用而产生粘接作用，那么，采用比较粗糙（粗糙度大）的粘接表面容易获得较大的粘接强度；如果胶黏剂的黏度比较小，以分子间力、化学键力、化学吸附作用而产生粘接作用，那么，采用比较光滑（粗糙度小）的粘接表面容易获得较大的粘接强度。

处理材料表面粗糙度的方法有以下几种。

① 手工打磨法　用不同型号规格的砂布（纸）、锉刀等利器，反复摩擦材料表面，摩擦的路线、力度及工艺层次不同，获得的粗糙度不同。

② 机械处理法　喷砂、喷钢丸、电刻笔、风动刻笔及风动砂轮机、振动砂轮机等机械处理方法都可按不同的处理工艺而获得不同的表面粗糙度。

③ 化学处理法　用不同的腐蚀剂（液状或膏状）、不同的工艺（控制温度和时间）使材料表面获得不同的粗糙度。

④ 电化学法　主要有电解酸洗法和阳极氧化法，按不同的工艺条件进行处理后可获取不同的粗糙度。

（4）处理材料表面光亮度的方法　当材料表面微观不平度非常小的时候，也就是粗糙度极小的时候，材料表面呈光亮状态，说穿了，所谓光亮度就是粗糙度的初级阶段（最小的粗糙度）。光亮度反映在粗糙度一段极小的区域。处理材料表面光亮度的方法有以下几种。

① 手工抛光法　用石灰浆、绸布、皮毛毡、金相砂纸、牙膏、抛光膏（油）等物质在材料表面反复摩擦，从而获得不同的光亮度。

② 机械抛光法　根据机械往返运动的原理，将不同的抛光材料作用在材料表面进行摩擦，从而获得不同的光亮度。

③ 化学法　配制以酸为基料的化学溶液，通过浸渍工艺可使金属材料表面获得不同的光亮度。

④ 电化学法　利用电解液和电器装置，将金属工件挂在不同的极上（或者通过换向开关，改变电极的正负），浸没在电解液中，通过不同的工艺，可使材料表面呈现不同的光亮度。这种方法俗称电解抛光工艺或称电抛光。

（5）处理材料表面化学结构的方法　被粘物表面的化学结构状态，往往是影响粘接强度的重要因素。有许多难粘材料，通过一些方法处理后，改变其表面的化学结构状态，方可解决难粘的问题。

一般情况下，不锈钢是比较难粘接的材料，然而，通过酸洗、钝化处理后，表面的化学结构得到改变，从而可获得较好的粘接强度。不锈钢酸洗应先在 90g/L 的硫酸溶液中加热到 80℃ 处理，或在发蓝溶液中煮 1～2h，以松动氧化皮。经酸洗以后，在 25%～50% 的硝酸溶液中进行钝态处理（温度为 50℃）。

电腐蚀是人们认为比较有效的处理难粘材料表面化学结构的技术方法。

目前已初见成效的处理材料表面化学结构的方法还有放电处理法（如电晕、电弧、辉光、等离子放电处理）、火焰处理法、辐射处理法（能用 X、γ 高能射线进行交联处理）、偶联剂表面处理等。

3.1.2.6 选择合理的粘接环境

在进行粘接工艺设计时，如何选择合理的粘接环境不容忽视。首先应选择空气新鲜、通风良好的空间来完成粘接操作，这样才有利于粘接工的身体健康。另外应考虑的是，要根据胶黏剂的不同特点选择粘接环境的温度、湿度、清洁度，因为这些因素可直接影响到粘接效果。例如，当所选择的胶黏剂对空气湿度非常敏感，会大大降低粘接强度时，就必须选择或创造一个空气湿度较小（较干燥）的粘接环境进行粘接工作，否则达不到预计的粘接效果。当所选用的胶黏剂有毒时，如果不选择空气新鲜、通风良好的地方操作，就容易引起中毒而损害身体。另外，粘接环境的温度高能缩短胶黏剂的固化时间和可胶接时间，反之会延长其时间。

3.1.2.7 选择合理的配胶工艺

对于单组分的胶黏剂一般不存在配胶工艺问题，但是，如果胶体有分层或沉淀现象，宜将其搅拌均匀后再施胶。实际上许多胶黏剂是由双组分或者多组分组成的，在使用时需现场配制好后才能用。一般来说，不同的胶黏剂有不同的配制工艺，必须严格按照胶黏剂配制工艺的要求进行操作，不仅仅是要将各组分充分搅拌均匀，而且各组分称量、配制手法、混合程序的每个步骤都要按该胶黏剂工艺的规定去进行；否则会影响质量，甚至造成火灾、中毒、爆炸等意外事故。

3.1.2.8 选择合理的施胶工艺

有些人认为配制好了胶，随便施在被粘接表面上就可以进行粘接了，其实不然，施胶有一定的工艺要求，施胶水平的高低、施胶质量的好坏不仅会影响到粘接效果，而且还会影响经济效益。有些胶黏剂在施胶时有严格的、特殊的要求，一般的产品说明书上对此都有详细的交待。

施胶方法有刷涂法、喷涂法、滚涂法、浸涂法等。

施胶工艺又分顺向法、反向法、变叉法、点除法（图 3-11）、线涂法（图 3-12）。

顺向法：顺着被涂胶材料表面纹理的方向去涂胶。

反向法：按与被涂胶材料表面纹理相反的方向去涂胶。

交叉法：用顺向法和反向法交叉进行涂胶。

施胶时，还要讲究施胶的力度和顺序，一般应循序渐进。

注胶时，要讲究施胶层的质量，要施满、施均匀，否则容易产生不完全浸润现象，造成应力集中，影响粘接强度，影响使用寿命。

所谓"糖多不甜，胶多不粘"就是有经验的粘接工对施胶技术的深刻认识。

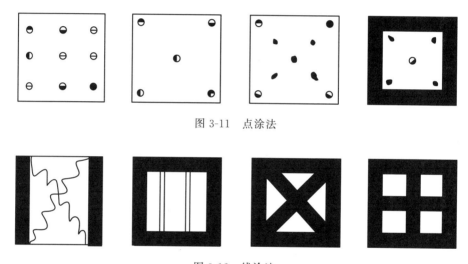

图 3-11　点涂法

图 3-12　线涂法

3.1.2.9　选择合理的露置时间

所谓露置就是将涂了胶黏剂的表面放置在自然空间、晾在空气中暴露的过程。露置原因有三：①使胶层中的溶剂挥发到合适的程度；②使胶层能吸收空气中一定的水分；③使胶层表面能在露置过程中升温，从而达到促进胶层固化、增加粘接强度的效果。有些胶黏剂涂在被粘接表面后不需要露置，直接可以进行粘接；而有些胶黏剂涂在被粘接表面后，必须经过一定的露置时间才能进行粘接，否则就达不到预计的粘接效果，甚至导致粘接失败。

有的胶黏剂要经过多次涂胶、多次露置处理后，才能进行粘接。

无溶剂的胶黏剂一般不需要露置，施胶后可立即黏合。有些无溶剂的胶黏剂如果露置时间长了反而会使粘接强度降低，如无溶剂的环氧胶黏剂，其露置时间一般不宜超过5min，否则会降低粘接强度。特别是以胺类为固化剂的环氧胶黏剂，如果露置时间长了，胺与空气中的水汽、二氧化碳发生化学反应，生成双碳酸酯结晶，这些新生的晶体聚集起来，使粘接界面胶层的均匀性变坏，从而导致粘接强度大幅度下降。

α-氰基丙烯酸酯胶黏剂（如502胶）施胶后在空气中稍许露置几秒钟后吸收微量水分即可促进固化。如果露置时间太长其粘接强度反而下降。以502胶为例，当被粘接物是钢材时，露置时间每延长30s，其粘接强度平均下降3%。

含挥发性溶剂的胶黏剂施胶后必须露置，必须使溶剂基本上挥发完，否则胶层中易产生气泡而降低粘接强度。当然如果露置的时间过长，使胶层失去了黏附性，那只能宣告粘接失败。还有一种情形应该尽量避免，即要防止露置环境的温度突然过高，以防胶的表层急速形成干固或半干固硬皮而阻止胶层内部溶剂的继续挥发而影响粘接强度。又比如，以橡胶为基料的溶剂型胶黏剂，其露置的时间与露置环境的温度有关，一般情况下，露置环境的温度越高，露置时间越短。被露置处理的胶膜产生似干非干（似黏非黏）现象时，即可终止露置而立即进行粘接。

对似干非干的掌握程度是保证粘接质量的重要一环，这一绝招恰是粘接工技术水平的一种表现，要经过一定的实践，才能熟练地掌握。还有一些以吸湿为固化条件的胶黏剂，不但需要足够的露置时间，而且还应该选择湿度较大和温度较高的露置环境才有利于提高粘接效果。甚至还应该人为地创造露置环境的湿度和温度。如吸湿固化的单组分聚氨酯胶黏剂就需要较长的露置时间方可取得较好的粘接效果。

3.1.2.10 选择合理的粘接操作手法

有经验的粘接工将两个被粘物件黏合在一起时，会及时地对粘接面做适当地挤压、旋转、搓动、定位，这些操作手法是有选择性地进行的。选用怎样的手法，操作的力度、温度及时间的控制都是难以用语言表达的，粘接工只有通过训练和长期的操作实践才能熟练掌握。

总的原则是通过合理的粘接操作手法，及时地排除一些粘接时可能发生的一切不利于粘接的疵病（如胶层过厚、胶层不均匀、局部缺胶、定位不准），以免影响粘接质量和使用效果。

3.1.2.11 选择合理的固化压力

固化压力的大小主要根据胶黏剂的性能及粘接目的来选择,施加压力的方法很多,如负重法、配重法、捆扎法、液压法、气袋加压法、夹头加压法、弹簧加压法、机械传动法、杠杆加压法等,然而一定要根据实际情况来选择最佳方案。

有些胶黏剂对固化压力没有要求,也就是说固化压力的大小不会影响粘接效果,那么就不必考虑固化压力问题,如许多瞬间胶黏剂、特种密封胶及特种功能性胶黏剂。

许多胶黏剂利用被粘接物件自身重量的压力也足够保证粘接质量。

3.1.2.12 选择合理的固化温度

一般来说,加温固化可以提高粘接强度,因为胶黏剂在高温时比低温时的物理作用力和化学作用力都要大。加温可使胶黏剂提前进入完全固化阶段,达到最佳的粘接效果。许多胶黏剂可以室温固化,也可以加温固化;有的胶黏剂却必须加温才能固化;有的胶黏剂需要逐步加温固化;还有的胶黏剂需要先常温进行固化一段时间后,再转入加温固化。总之,不同的胶黏剂对固化温度有不同的要求,应该根据胶黏剂的特性和粘接目的,选择合理的固化温度。加温的方法有很多种,如采用热气加温、热风加温、热水加温、电加温、火加温、辐射加温等。

3.1.2.13 选择合理的固化时间

加温、加压可以提高粘接强度,也可以缩短固化时间。关键是如何确定固化时间,如果选择长了,不仅造成浪费,而且还会致使一些胶黏剂性能下降;如果选择短了,会影响粘接质量,同样会带来损失。

胶黏剂的固化过程可分为三个阶段,即初步固化阶段、基本固化阶段(假固化阶段)、完全固化阶段。毫无疑问,选择固化时间的可靠依据就是待完全固化阶段到达终点之时。胶接时间(胶的可使用时间)可认定为胶的初步固化时间。

不同的胶黏剂在不同的固化温度和固化压力条件下有不同的固化时间,要通过试验进行选择。固化又称硬化,固化的方式可分为气干型、水固型、热熔型、反应型。不同的胶黏剂其固化原理是不同的。无论是交联、聚合、加聚、接枝等化学反应,还是溶剂挥发、熔体冷却、乳液凝聚的物理作用,其目的都是使胶体硬化,达到理想的强度,完成粘接的使命。粘接后处理工艺的实质是研究固化问题，固化压力、固化温度、固化时间是解决固化过程的三大要素，三者是相辅相成的。

以上讲述的 13 个步骤组成了粘接技术基本工艺。检测、返工、包装、入库也可以设计在粘接技术基本工艺之尾，在制定胶黏剂产品的生产工艺时，务必包含以上内容。

3.2　影响粘接强度的主要因素

影响粘接强度的因素有很多，而这些因素都有一定的内在联系，往往牵一动百，相辅相成，相互影响。认真研究这个问题，弄清楚影响粘接强度的主要因素，可以帮助人们在从事粘接工艺设计时，多点思路、多点依据、多点办法。

所谓的粘接强度应该理解为单位粘接面积上的粘接力。粘接力为胶黏剂具有的化学作用力、物理作用力和机械作用力的总和。影响粘接强度的主要因素如下。

3.2.1　胶黏剂自身性能

这个因素最主要，因为胶黏剂是产生粘接力的基础，也是起决定作用的化学作用力的来源。胶黏剂的性能是决定粘接强度的内在因素，如何根据胶黏剂的组成来改变其结构、性能，从而提高胶黏剂的粘接性能是一个重要课题。作为粘接工作者，要了解这一事实，以便在选择胶黏剂时做到有的放矢。

3.2.2　粘接工艺

胶黏剂是通过粘接工艺来发挥其作用的，粘接工艺的基本内容在前面章节已做了详尽的介绍，粘接基本工艺的每个环节、每个因素都将影响到粘接强度。

例如，胶用多了，胶层过厚了，会使粘接强度显著下降。其主要原因有二：胶层厚时，胶层内形成气泡及其他缺陷的概率就大，会降低粘接强度，早期失效的概率就增大；由于胶黏剂和被粘接材料线膨胀系数不同，当胶层厚时，所引起的热应力、收缩力、应力差都较大，自然导致粘接强度下降。

胶层太薄时，往往容易造成缺胶和不完全浸润等缺陷，也会引起粘接强度下降。不同性质的胶黏剂如果要达到最高粘接强度，应该选择合理的（最佳的）胶层厚度。

胶层厚度的选择也与粘接接头承受应力的类型有关，当粘接接头承受单纯的拉伸、压缩或剪切力的时候，胶层薄，承受的强度则大，所展示出来的粘接力就大。脆性和硬度较大的胶黏剂，上述现象尤为突出，当粘接接头承受冲击负荷时，弹性模量大的胶黏剂，其胶层的厚度对冲击强度没有多大影响，而弹性模量小的胶黏剂，其胶层的厚度较大时，粘接接头能承受较大的冲击强度。

3.2.3　粘接工操作技术

粘接技术是完成粘接的桥梁，粘接技术的实质内容是粘接基本工艺，即粘接操作步骤的全过程。粘接的好坏一定会影响到粘接强度，而粘接技术是靠粘接工来操作完成的，因此，粘接工操作技术水平，即对粘接技术理解和掌握的熟练程度是影响粘接强度的重要因素。

3.2.4　被粘接物性能

被粘接物性能对粘接强度的影响主要取决于被粘接表面的结构和物理、化学性能及其与胶黏剂的相容性。相容、相亲者有利于达到或提高粘接强度，反之则不利于提高粘接强度。至于对不同表面结构和物理化学性能的被粘物的选择，则宜根据粘接的预期目标来选择或进行改性处理。

显然，了解了影响粘接强度的主要因素基本上就找到了导致粘接失败的主要原因，也等于得到了防止粘接失败的办法。

3.3　特种粘接技术

随着科学技术的发展，粘接技术也在不断发展，为了解决传统的粘接技术不能够或者不容易解决的粘接问题，人们又创造发明了特种粘接技术。所谓特种粘接技术，可以理解为使用特种胶黏剂，或者说，与一般粘接技术有明显区别的粘接技术。

了解什么是特种胶黏剂后，对特种粘接技术的内涵就更加一目了然。特种胶黏剂是具有特种性能和用途的胶黏剂。例如：一般的胶黏剂在有油、有水、有锈的界面上是不能进行粘接或堵漏的，而能在带有油、水、锈的情况下进行粘接的胶黏剂叫特种胶黏剂。有的胶黏剂不仅具有粘接功能，而且具有一些特殊功能和用途，例如具有导电、导磁、防渗碳（氮）、防淬火、防淬裂等功能，或者能取代一些电镀、表面处理、化学热处理等工艺的用途，这类胶黏剂也可称为特种胶黏剂。

粘接技术与特种粘接技术的区别是：前者一般分为粘接前处理、粘接、粘接后处理三个基本步骤，而每个步骤中又有若干个具体要求，工序多，要求严，费工时，往往一招不慎就导致粘接失败。而后者由于使用了特种性能的胶黏剂，或者借用了一些特殊处理技术和辅助工具，往往一蹴而就，可取得一般粘接技术不能或不易取得的效果，例如："168 粘接堵漏王"特种胶黏剂采用特种粘接技术后，可在数秒钟内在有油、水及其他介质的被粘接表面快速完成粘接堵漏工作。

3.4　粘接维修技术

3.4.1　概述

应用于设施维修领域的粘接技术统称粘接维修技术。

粘接技术最早得到广泛应用、最能创造经济价值的领域，恐怕就是设备维修领域。粘接维修技术早已渗透到机械维修技术、火车维修技术、汽车维修技术、吊车维修技术、电器维修技术、建筑物维修技术、管道维修技术、风机维修技术、机床维修技术、农机维修技术、水利工程维修技术等各种维修技术中。粘接维修技术是一种交叉技术，它的内容极其丰富。下面仅概括介绍粘接维修技术的主要内容和基本方法。

3.4.2　粘接维修技术的主要用途

现将粘接维修技术可以解决的一些常见的问题列举如下。

① 各种机械设备、设施零部件缺损、断裂、磨损的修复。

② 石油厂、化工厂、电厂、水泥厂、机械厂等各工矿企业的气罐、油箱、变压器等设备及管道的跑、冒、滴、漏的维修及防护。尤其是采用特种粘接技术，可在不停车、不停电、不降压、不动火、不用电的情形下进行快速修理，边漏边粘补，安全可靠，效果明显。

③ 家庭民众粘接维修项目。各种家具、家电玩具、鞋帽衣伞、生活用品、花盆鱼竿、手机裂损、琴架球拍、古董文物、门窗、漏风漏水、煤气泄漏等均可维修。

④ 工矿企业粘接维修项目。机床设备、跑冒滴漏、车船码头、桥梁建筑、厕卫浴池、墙身地板、屋顶楼梯、防水防漏、缺损断裂等均可维修。

⑤ 车船码头、墙身地面、屋顶楼梯等处的缺损裂漏均可维修。

⑥ 汽车、拖拉机、收割机、柴油机缸体破裂的修补。

⑦ 农药喷雾器漏气、壳体被腐蚀穿孔的修补。

⑧ 抽水机、发动机、蓄电池外壳裂损的修补。

⑨ 钢铁、橡胶、塑料水管和水箱裂漏的修补。

⑩ 氨水坛、氨水槽、橡胶氨水袋破裂的修补。

⑪ 打谷机、割草机等农机设备部分部件松动、断裂的修补。

⑫ 塑料薄膜、帆布被撕裂、穿孔的修补，或者需要以小拼大相互连接。

⑬ 竹筛、晒垫、簸箕、扁担、木犁、竹耙、粪桶、船杆、锄头柄等大小农具松动、裂损的修补。

⑭ 水泥、混凝土工程的农田设施破断裂损的修补。

⑮ 扬水工程的木质、钢质、水泥质的输水渡槽严重渗漏断裂的修补。

⑯ 一般金属、陶瓷、竹木、玻璃、橡胶、皮革、塑料、化纤、棉布、建筑等物件的粘接修理。

3.4.3 粘接维修的基本方法

（1）单纯的粘接维修法 有涂覆法、对接法、搭接法、槽接法、套接法、喷涂法、浇铸法。

（2）复合增强维修法 借助焊、铆等传统技术的特点来提高修复效果和扩大应用范围。

① 粘与铆复合增强维修法。

② 粘与机械复合增强维修法，其中包括板桥式粘接维修法、暗销式粘接维修法、金属波浪键扣合粘接维修法、螺钉键槽扣粘接维修法。

③ 粘与焊接复合增强维修法。

④ 复合层贴覆增强维修法。

⑤ 粘接织网复合增强维修法。

⑥ 缠绕粘接复合增强维修法。

⑦ 采用专用粘接工具复合增强维修法。

3.4.4 特种粘接维修技术

特种粘接维修技术实质上就是应用特种粘接技术来进行维修的技术。由于是新技术，具有特殊性，发展还很慢，许多特殊问题还不能够用目前的特种粘接维修技术来解决。例如，如何在高温、高压、不停产、不停电的情况下进行快速粘接堵漏？如何快速粘堵住被洪水冲垮的大提？大型油轮泄漏如何快速粘堵？这些问题都有待人们去攻克。

3.5 粘接检测技术

如何衡量胶黏剂的质量？如何鉴定粘接工程的优劣？这些问题是粘接检测技术应该努力研究的问题，也是涉及粘接这门学科能否快速发展的关键问题。

如果说实践是检验真理的唯一标准，那么检测技术中的各种试验方法就是检验上述问题的唯一标准。通过长期实践，人们对胶黏剂质量的检测有了比较系统的方法和比较认同的共识。一般可从性能、耐环境两个方面去进行一些试验，最终得到综合性的评价。粘接工程优劣的检测，目前看来唯有依靠无损检测技术才比较实际、比较实用。所谓无损检测技术，就是在不损坏（伤）被检测物体的前提下的检测技术。最早的无损检测技术是目视检测法和敲击听声检测法。这两种方法虽然准确性差些，但是非常实用，且简单易行，不过要真正掌握还是有相当难度的。作为一个粘接工，只有努力实践、学习，掌握好这两种方法，才能技高一筹。

所谓目视检测法，是由检测人员凭借自己的经验，根据不同胶黏剂固有的颜色和出现缺陷时固有的特征（胶层色泽变化、硬度变化、表层形貌差异等）来判别粘接质量的好坏。例如，以氧化铜为基的无机胶，完全固化后若属正常情况，胶层外表坚硬，呈油黑发亮状态，如果呈灰色、暗灰色、浅绿色或者暗淡无光，甚至出现龟裂细纹状态，都属不正常情况，其粘接质量肯定存在问题，应寻找原因，重新粘接。

所谓敲击听声检测法，是在检测时，由检测人员用一把小锤（两端呈倒圆形的铁锤、铜锤、木锤或橡胶锤，其长度约 20cm，锤的直径约 10cm），沿着一定的顺序敲击粘接处，根据发出的不同声响来判断粘接的缺陷（缺胶、裂纹、不完全浸润、龟裂、胶层厚度不均等）是否存在，并确定其缺陷的大致部位。众所周知，任何物体受到敲击时都处于振动状态，都会产生固有的振动频率，具有自己特有的谐波，当胶层出现缺陷时，有缺陷处振动与整体振动所发出来的声响是不同的，检测人员就是凭借这些不同的声响，凭借自己的听觉对粘接质量做出鉴别。

上述两种无损检测法属于一般定性和比较的方法，它的可靠性完全取决于检测人员的工作经验和耳、目的健康状况。

现代科学的无损检测方法大致分为声学检测、热学检测、电学检测、光学检测及真空法和渗透法，这些方法普遍应用于金属探伤和金属焊接质量的检测，效果非常好。然而，由于被粘物和胶黏剂的品种太多，胶黏剂层的密度、力学性能、电性能等均不相同，因而为无损检测带来相当大的困难，使得上述先进的无损检测技术应用于检测粘接质量时还受到很大的限制。

3.6 粘接的安全基础常识

3.6.1 粘接工作中的不安全因素

① 在从事粘接工程实施过程中因粗心大意，使用粘接工具、器械、设施时不慎受到伤害，或者被粘接环境的外界因素导致砸伤、摔伤、中毒等这些视为飞来横祸。只要提高警惕，严格遵守操作规程和安全章程，细心行事，就可以避免上述问题或者将其降到最低程度。

② 对胶黏剂的性能不了解或忽视而引起中毒，造成对身体的伤害。

粘接工在接触使用一些带毒性的胶黏剂时，如果不提高安全意识，不采取防范举措，久而久之，就往往会引起慢性中毒。粘接工在进行不停车（产）粘接堵漏操作时，如果被粘物泄漏出来的是剧毒物品，如溴气、煤气等，所采取的安全措施不力，或者出现意外的不安全因素，粘接工就有急性中毒的可能。因此，粘接工在完成这样的粘接工程时，各种安全措施必须全部到位后，方可开始进入粘接操作程序。

胶黏剂的毒性也是来自胶黏剂的一些组成成分，如树脂单体、溶剂、引发剂、固化剂、促进剂、防老剂、稀释剂、偶联剂、补强剂、填充剂等，如果这些成分都无毒性，那么配制出来的胶黏剂就是无毒的胶黏剂（有些胶黏剂在配制、固化过程中会产生毒性，而在完全固化后又消除了毒性）。如果胶黏剂的成分有毒，配制出来的胶黏剂一般都有毒性。因此，不同种类的胶黏剂，其毒性程度和起因都是不同的。

胶黏剂的毒性主要来自作为溶解剂、稀释剂及表面处理剂的有机溶剂，这些有机溶剂大多数是有毒和易燃的，其毒性大小及易燃性能均因种类不同而不同。

有机溶剂中，毒性最大的是苯、甲苯和二甲苯，长期接触它们容易危害神经和血液，如果中毒，则会出现长期头痛失眠、全身感觉疲乏无力症状。丙酮、汽油、乙醇等溶剂虽然无毒，但长期接触，会使皮肤粗糙、干裂、严重脱脂。

胶黏剂中的填充料、补强剂一般都是无毒的粉尘状的物质，但是有些粉尘若被人体过量吸收也是有害的，特别是一些纳米材料和一些具有无限可劈分性的粉尘，如石棉等，人体吸收过量后，有可能引起肺癌和血癌。

有些胶黏剂中的树脂成分若吸收过量，也会对人体造成危害。例如：环氧树脂中残留的单体有一定的毒性；环氧胶黏剂中若使用胺类固化剂，尤其是常用的乙二胺对人体的血液系统、神经系统、呼吸系统及皮肤都有较大的刺激性，容易造成毒害。

脲醛、酚醛树脂为基料的胶黏剂，其中所含有的游离苯酚和甲醛对人体呼吸道、眼睛黏膜及皮肤均有刺激作用，容易引起皮肤发痒、发红、发炎，眼睛流泪、发炎，头昏，胸闷等症状。

聚氨酯胶黏剂中的异氰酸毒性最大，会引起呼吸道损伤，吸入过量还可能出现肺水肿等症状。

不饱和聚酯胶黏剂的交联单体苯乙烯也有低毒，呼吸多了也会危害身体。

橡胶型胶黏剂中的溶剂、防老剂都是被人们怀疑为致癌的物质。有些胶黏剂配方中，如果含有环己酮、三氯甲烷、二甲基苯胺、苯胺等物质都应视为有毒的胶黏剂。

值得提醒的是，有些胶黏剂在使用过程中，若遇高温粘接环境或加热处理，则会产生毒气。例如，某些含氯化合物（三氯乙烷、三氯甲烷、四氯化碳等）在受高温时会产生剧毒的光气。对这些情况，使用时必须严加防范，尽量避免受高温的影响，在贮存时，三氯甲烷加入少量乙醇，可以防止光气的产生。

磷化物不能用于含有三羟甲基丙烷的胶黏剂作阻燃剂，因为遇火焰时，会产生剧毒的三羟甲基丙烷磷酸酯。

属强氧化剂的引发剂和促进剂也不能直接混合，例如，环烷酸钴等促进剂能使过氧化剂分解、剧烈反应而燃烧起火。有些胶黏剂的各组分在混合量大时，往往会因反应迅速而产生高温自燃着火，若有不慎，有可能造成危害。

在使用胶黏剂的过程中，虽然会接触到一些易燃、易爆及毒性物质，但是人们已经从实践中找到了许多能够防止中毒、避免火灾和爆炸等危险的安全措施。

3.6.2　粘接工应该知晓的安全防护知识

① 首先，必须了解你要使用的胶黏剂是否有毒性和危险性；然后，选

择必要的、合理的安全防范措施或加装排气装置。

② 尽量避免和减少人体直接与胶黏剂接触，应穿戴好劳保防护用品。

③ 尽量选择空气新鲜、通风良好、凉爽或有排气装置的环境进行粘接工作。

④ 在粘接操作现场不准吸烟、吃食物。

⑤ 称量、配制有毒性的胶黏剂时，宜在带抽风装置的隔离柜中操作，减小毒性对人体的侵害。

⑥ 粘接操作环境严禁出现明火，有关照明电器装置要有防爆功能。

⑦ 装胶黏剂及溶剂的瓶盖打开使用后，要及时将瓶盖盖严。

⑧ 尽量避免用溶剂洗手，防止皮肤脱脂、干裂，可选用一些护肤用品保护皮肤。

⑨ 在使用一些刺激性较大、难闻的胶黏剂时，可在鼻孔内先抹上一些医用凡士林或保健软膏，事后用温开水洗净。

⑩ 胶黏剂和溶剂应保存在通风、阴凉、干燥处，远离火种，并且要附设各种消防器材。

⑪ 一旦有毒物误侵人体，首先用大量自来水冲洗，然后尽快上医院求助。

⑫ 加强安全意识，多学一些自救医疗知识，多备一些急救药品，以防万一。

3.7 粘接工程技术

3.7.1 粘接工程定义

按照一定的程序和步骤去完成某一项粘接工作的过程，称为粘接工程。实施粘接工程的过程中所应用到的技术，称为粘接工程技术。

3.7.2 粘接工程技术的特点

由于粘接已渗透到各行各业，粘接工程也千姿百态、错综复杂、大小不一，因而粘接工程技术也是随工程的复杂性而变化。

总的来说，粘接工程技术是一般的粘接技术、特种粘接技术、复合粘接技术及相关的传统工程技术的综合体现。因此，粘接工程技术的特点是，能解决上述传统技术不能或不容易解决的难题，创造较大的经济效益和社会效益。

3.7.3　粘接工程技术的应用范畴

随着粘接技术的发展，粘接技术渗透的领域越来越广、越来越深。各行各业对粘接技术和特种粘接技术的需求也越来越紧迫，从而又派生出粘接工程这个分支辅佐着粘接学发展。

在生产实践中，人们比较熟悉的工程有防水工程、引水工程、开山工程、建筑工程、防火工程、防腐工程、环保工程、修路工程、隧道工程等。这些工程都是利用不同专业领域的技术和知识去完成特定领域项目中的设计、实施工作。

由于粘接是门多学科的边缘学科，粘接技术已经渗透到各行各业。因此，粘接工程自然也涉及各行各业，粘接工程的应用领域十分广泛。粘接工程有大有小，小到各种设备、设施的粘接维修、抢修、保养，如机床、管道、水塔、油库、煤气库、变压器、发电机组、水利、建筑设施的断裂损坏，跑、冒、滴、漏的粘接修理，特别是不停产、不停电、不动火、不降压情况下的快速粘接堵漏工程；大到导弹、卫星、飞船、房屋、桥梁、大型设施的制造及粘接抢修工程，以及治理山崩地裂，大坝河堤渗漏、缺口、海轮漏水、漏油、漏气需快速抢险的粘接工程等。粘接工程虽然有它的专业性和独特性，但是也可包含在上述介绍的各种工程中，成为各种工程的组成部分，甚至是最关键、最重要的组成部分。

认真研究粘接工程的实质内容，努力开拓粘接工程的应用范畴，是摆在粘接技术工作者面前的一项新工作、新课题。可以说，任重而道远、深奥而实用的粘接工程一定会被人们所认识、所利用、所赞扬。

任何一个工程都是多种科学技术的汇总，涉及方方面面的综合因素，势必体现多学科合作的复杂性，只有掌握多学科的知识，才可能解决各种复杂的工程技术问题。然而，粘接工程主要是运用粘接学科的知识和技术去完成工程任务的。它的诞生务必反映出它的独特性。它应该完成其他工程技术不能够或者不容易解决的工程技术问题。

实施一个粘接工程之前，必须踏踏实实地进行设计和预算工作，并认真地制订粘接工程设计方案。在设计方案时可按以下基本内容和步骤开展工作。

① 调查分析粘接工程的必要性、先进性和可行性，并认真写出粘接工程可行性分析报告。

② 组织有关专业人员讨论并通过可行性分析报告。

3.7.4 粘接工程技术的设计

粘接技术的设计工作，主要包括以下几方面内容。

① 认真制订《粘接工程实施计划》，其中包括：粘接方案，粘接工艺设计，实施步骤，安全举措，维护保养等。

② 粘接工程预算。预算的主要内容如下。

a. 每天参加工程建设所需劳动力的人数，其中包括粘接工和辅工的人数。

b. 所需工作日（8h/工作日），并预算完成粘接工程的期限。

c. 所需材料费，含胶黏剂及所需的辅助材料。

d. 人工费：其中，初级粘接工：150元/工作日；中级粘接工：180元/工作日；高级粘接工：220元/工作日；工程师（技师）：280元/工作日；高级工程师（高级技师）：350元/工作日；一般辅工：80~100元/工作日。

参考以上标准，预算出完成整个粘接工程所需的人工费总金额。

e. 预算定额直接费。该项费用是材料费和人工费的总和。

f. 野外津贴费。该项费用是定额直接费的1%~3%。

g. 劳动保险费。该项费用是定额直接费的2%~4%。

h. 工具、设备折旧费。一般按定额直接费的1%~2%计。

i. 税收。一般按定额直接费的8%~18%计。

j. 利润。该项费用一般是定额直接费的5%。

k. 工程总造价。总造价是定额直接费、野外津贴费、劳动保险费、工具设备折旧费、利润、税收六项费用的总和。

③ 按合同法的要求和粘接工程的实际情况与发包方签订承包粘接工程的合同。

④ 落实进入实施粘接工程的所有准备工作。

⑤ 按《粘接工程实施计划》的要求和合同的规定组织实施。

⑥ 按合同规定的内容和方法验收粘接工程。

⑦ 制定返修、返工可能的补救措施。

⑧ 按预定的维修保养计划，定期对粘接工程进行维护保养。

粘接工程内容不一，技术难度不一，实施条件不一，管理条件不一，对许多问题的处理很难做出具体的统一规定。上述内容仅供参考。一切要从实际出发，具体问题具体对待。需要就是价值，在承接粘接工程时一定要实事求是。

3.7.5　粘接工程质量的检验技术

如何衡量胶黏剂的质量？如何鉴定粘接工程的优劣？这些问题是粘接检测技术应该努力研究的问题，也是涉及粘接这门学科能否快速发展的关键问题。

如果说实践是检验真理的唯一标准，那么检测技术中的各种试验方法，就是检验上述问题的唯一标准。不过，由于粘接技术是门新学科，许多问题还认识不清，各种检验方法还不一定完全正确，不一定最先进，还有待大家共同去努力、去研究、去探索、去完善、去提高。

3.7.6　实施粘接工程中的安全知识

说到实施粘接工程中的安全知识，首先应重温本书 3.6 节所讲述的"粘接的安全基础常识"的全部内容。

由于粘接工程涉及各行各业，发生在不同领域，也就是说粘接工程往往是在不同的领域、不同的环境、不同的条件、不同的要求情况下去实施，因此影响粘接工程在实施工程中突显的安全问题也是不同的。这就要求人们在实施粘接工程前期，做好充分的调研工作，实事求是地查找影响该项粘接工程安全的各种原因，并及时制定保障措施，消除一切不安全因素，确保实施粘接工程全过程中的安全。

实施粘接工程大致应从以下几方面去研究安全问题。

① 人身安全，如何防摔、防撞、防砸、防烧、防炸等。

② 防火灾。

③ 防水灾。

④ 防中毒。

⑤ 防破坏。

⑥ 防外来物袭击。

⑦ 防天灾人祸。

⑧ 防其他不可预测的不安全因素。

总之，要提高警惕，把安全问题放在第一位。没有安全，再好的粘接工程也会功亏一篑，安全是一，其他的都是零，没有一，一切都等于零。

第4章 粘接维修各种材料制品的基本方法

4.1 金属材料制品的粘接维修

金属材料制品在使用过程中，由于自身的种种缺陷、不同外力及外界因素的作用，时有裂、断、缺、损、漏等现象产生，导致制品不能使用。由于金属制品千千万万，损坏情况也千差万别，因此不可能用完全一样的粘接工程技术，或者寻求什么所谓的"万能胶"来解决所有金属制品的粘接维修问题。采用粘接工程技术修复金属制品时，首先根据金属制品的具体需求，制订具体的粘接方案和选择合理的粘接工程技术，再按部就班地细心操作，即可取得良好的修复效果。

4.1.1 粘接维修金属制品应注意的问题

① 粘接维修金属制品时，一般选用有机胶黏剂，如选用万能胶（环氧树脂基双组分胶黏剂）及 Y0-59 系列胶黏剂。

② 金属制品局部断裂，宜多考虑采用复合增强维修法。

③ 粘接维修各种裂纹时，宜先在裂纹的终端钻出止裂孔（对于厚壁制品上的裂纹需钻盲孔止裂，对于薄壁制品上的裂纹可钻通孔止裂），止裂孔的直径一般是裂纹宽度的 3~5 倍，裂纹的终端就是止裂孔的圆心。钻好止裂孔后，一般宜顺着裂纹开出 V 形槽，以便将胶黏剂填涂于裂纹中，起到较好的粘接作用。另外，对于较集中的裂纹群及较长的裂纹，要考虑采取复合增强维修法，方可获得更好的粘接维修效果。

④ 对于金属材料制品缺损部位的粘接维修，除了掌握上述要领之外，还要考虑根据需要，在胶黏剂中添加适当的补强材料，如金属粉末、特种补强剂、补强纤维等。

⑤ 在金属制品上进行粘接补漏时，一般有两种情况：一是在允许的条件下采用通常的胶黏剂和粘接工程进行补漏；二是在有油、有水、有锈或者有压力、温度、腐蚀介质的粘接界面，且不允许停工、停产、停车，即在运行情况下进行粘接补漏，那就要采用特种胶黏剂（如850速效堵漏油胶棒，组合式胶黏剂"农家乐""车家宝""168粘接堵漏王"等）和不停车快速堵漏胶工艺来进行粘接。

4.1.2 实例

柴油机机体的外壳常常因种种原因而产生裂纹，用焊接修补法难度很大，采用粘接修复比较容易。裂纹有粗细、长短之分，也有单一裂纹和群裂纹之别。

（1）单一裂纹和短裂纹（长度小于10mm的裂纹）的粘接维修

① 寻找查明裂纹的两个端点。

② 将裂纹上及四周2~3cm内的锈层、污垢及油水等杂物清理干净，宜铲刮、打磨后，再用干净汽油（丙酮、乙醇亦可）擦洗数次。

③ 以裂纹终端为圆心，钻出止裂孔，每个止裂孔的直径是裂纹宽度的3~5倍。如果机体太厚不易加工，可酌情将止裂孔钻成盲孔。

④ 用特制的V形錾刀顺着裂纹将其开成V形的裂纹槽，V形槽宜深不宜宽，一般深度是宽度的2~3倍。

⑤ 再次用清洗剂将裂纹及其四周清洗干净。

⑥ 配制胶黏剂，可选用环氧基胶黏剂等。

⑦ 将胶黏剂刮涂在裂纹上，用强光照射或电热风吹干的方法，使胶黏剂能迅速扩散、渗透到裂纹深处，待胶黏剂固化。

⑧ 按步骤⑥同样的工艺再次配制胶黏剂，再将30%~90%的纳米补强剂加入胶黏剂中，充分调和均匀（裂纹越宽，其补强剂加的量宜越多）。

⑨ 将调好的胶黏剂刮涂在V形裂纹上，抹平即可。

（2）长裂纹的粘接修理

① 长度为20~30mm的裂纹，在完成（1）中9个步骤的操作后，再用（1）中步骤⑥配制的胶黏剂将1~3层补强布贴覆于裂纹上作为补强举措。

② 长度大于30mm的裂纹，在完成上述步骤①后，分别在裂纹终端和中段粘贴一块干净的2~5mm厚的约10mm宽、30mm长的钢板，起到加强抗冲击、抗裂的作用；同样，也可在每块钢板的两头用小螺钉（螺钉直径取3~8mm为宜）固定钢板，其效果更佳。小螺钉与底孔螺纹间的配合间隙宜大些，底孔内涂满胶后，再将小螺钉拧上。

（3）群裂纹的粘接修理　对于群裂纹（两条以上的裂纹纵横交错在一起）的处理，除了按上述步骤操作外，还可将一块比群裂纹面积稍大的钢板粘贴在群裂纹上。当然，再用小螺钉沾上胶黏剂将钢板固定，能更有效地防止裂纹开裂。

4.2　无机非金属材料制品的粘接维修

粘接维修无机非金属材料（如花岗岩、大理石）制品的基本原则和方法与粘接维修金属材料制品的大同小异。无机非金属材料绝大多数是耐火、耐温、耐老化的，因此原则上首先要考虑选用无机胶黏剂（如WG石材快速高强度胶、WKT特种无机胶、WP系列胶、家用无机万能胶、WPP系列无机胶黏剂等）来进行粘接维修比较合理。此外，无机非金属材料制品进行粘接维修时，对被粘接表面即涂胶表面的表面处理工作要求不是十分严格，一般情况下，需采用较粗糙的粘接表面，以利于提高粘接强度。

4.3　有机玻璃制品的粘接维修

粘接或者粘接维修有机玻璃制品时，通常采用对接、搭接、斜面接、台阶式对接、圆面式斜接、嵌接及套接等接头形式。采用上述粘接接头时，宜注意以下情况。

① 对接接头对接的宽度不应小于厚度的 3～4 倍。

② 搭接接头搭接的长度不小于厚度的 4～5 倍。

③ 斜接接头斜面的长度不小于厚度的 5～6 倍。

④ 台阶式对接、圆面式斜接及嵌接，其粘接面的长度是原材料厚度或直径的 1/3 左右。

⑤ 套接接头粘接的深度是原材料直径的 1～2 倍。

环氧基、丙烯酸基胶黏剂对有机玻璃都有一定程度的粘接作用，可用来粘接维修一般的有机玻璃制品，然而廉价的溶剂法最方便、最常用。用含10％有机玻璃的二氯乙烷溶液粘接效果最好，固化时间也短，一般 5min～2h 即可完成粘接，但其粘接强度只有原材料强度的 50％ 左右。

粘接前将有机玻璃制品置于 70～80℃ 保持 3～6h，可避免粘接处产生裂纹。如果粘接环境温度较高，湿度较大，粘接处容易产生白霜，若在胶黏剂中加入 10％～15％ 的冰醋酸、二丙酮等高沸点熔剂，可避免白霜的产生。

黏合时，对粘接面要施以足够压力（100～400Pa）才能防止粘接处产生气泡。

4.4 玻璃钢制品的粘接维修

目前人们公认的玻璃钢是一层玻璃纤维布与一层树脂胶黏剂或高分子无机胶黏剂复合而成的制品。其层数越多，厚度越厚，强度相应也越大，玻璃钢的性能主要取决于所用胶黏剂的性能和玻璃纤维布的质量。因此，在粘接维修玻璃钢制品时，首先要选用与制造玻璃钢所用的树脂性能相同或相似、相亲、相容的树脂胶黏剂。目前玻璃钢常用树脂是不饱和聚酯树脂、环氧树脂、改性环氧酚醛树脂、脲醛树脂及各种无机胶黏剂等。当然，选用普通的环氧树脂胶（6101等）来粘接维修一般使用要求的玻璃钢制品，也可收到良好的效果。

选择好胶黏剂后，再选择合适的即与原玻璃钢相同或相近似的玻璃纤维，然后用贴覆法（涂一层胶黏剂，粘贴一层玻璃纤维布）进行维修较为理想。如果将玻璃纤维布的短纤维或者康明补强剂（粉末状的补强材料）加入胶黏剂中搅拌均匀，能及时修复缺损、断裂的玻璃钢制品。

4.5 玻璃制品的粘接维修

由于玻璃制品品种极多，且坚硬又光亮，一旦出现问题，不是破碎就是开裂。粘接维修玻璃制品难度极大，这里有个根本问题目前尚无很好的办法解决，即无论用怎样好的胶黏剂，无论用什么高超的粘接技术，被粘接修复处很难消除原来的断（裂）痕。

维修玻璃制品时的注意事项如下。

① 尽可能选择高强度的、浅色的胶黏剂，如环氧类万能胶、丙烯酸类结构胶（一般为双组分胶黏剂）。

② 对只有一般定位、密封要求的玻璃制品，则可选择有机硅弹性胶黏剂（单组分）。

③ 对彩色玻璃制品的粘接维修，可在所用的胶黏剂中加入少许无机颜料进行调色，也可使用原色胶黏剂进行粘接，再用调好色的胶黏剂覆盖其上，起到装饰效果。

④ 玻璃制品在涂胶粘接前，务必先将被粘接处清洗得非常干净，可用脱脂棉沾特种清洗剂"洗必净"擦洗数次，彻底清除油污。

⑤ 用家用无机万能胶修复的玻璃制品可耐 800℃以上温度。

4.6　水泥、钢筋混凝土制品的粘接维修

水泥砂浆是古老而廉价的无机胶黏剂，粘接维修水泥制品一般会先考虑选用水泥砂浆。然而，由于水泥砂浆粘接强度较差，早期强度更差，固化时间太长，往往要在潮湿的条件下养护（固化）28 天以上才能达到较正常的强度。因此，仅仅用水泥砂浆来维修水泥制品远远满足不了实际情况的需要，所以人们常常选用环氧树脂为基的胶黏剂，采取单纯的粘接维修法或复合增强的维修法来维修水泥制品，可以收到立竿见影的效果。

采取单纯的粘接维修法时，可以将 20%～100%的水泥加入胶黏剂中，一来可降低成本，二来可增加胶黏剂的抗压、抗老化性能，同时使粘接处的颜色与水泥制品显得更近似、更美观。

粘接维修钢筋混凝土制品的方法和要求，与粘接维修水泥制品的方法和要求大致相同。有所区别的是，如果要在钢筋上施胶，务必先将钢筋上的锈层、涂层处理干净；为了提高粘接效果，宜将钢筋表面处理得越粗糙越好。

4.7　木、竹制品的粘接维修

由于许多胶黏剂的粘接强度都超过木材自身的强度，因此采用单纯的粘接维修法足以解决木制品的维修问题。在选用胶黏剂的时候，要根据木制品的特点和要求进行甄别。例如，对有耐水、耐潮、耐油、耐腐、防虫、防火等要求的木制品，必须选择有相应性能的胶黏剂，方能收到预期的效果。

粘接维修竹制品的方法与粘接维修木制品的方法大致一样。竹材一般较坚硬，且有弹性，粘接维修时，宜将涂胶面处理得较粗糙些才有利于提高粘接强度。加压固化更能保证粘接效果。

4.8　陶瓷制品的粘接维修

陶瓷坚硬，表面光滑，一般只采用单纯的粘接维修方法修复陶瓷制品。环氧、丙烯酸树脂为基的胶黏剂都可用来粘接陶瓷材料，陶瓷的断面有许多微小、粗糙的凸凹面，这对提高粘接强度非常有利。对表面光滑的陶瓷制品进行粘接时，需先将涂胶表面处理得非常干净，有必要时，可用利器（金刚砂轮、人造金刚石锉刀等）将光滑的表面处理成粗糙的表面，以利于提高粘

接强度。加压、加温固化能提高粘接强度。将少许无机颜料或补强剂调入环氧为基的胶黏剂中，可收到增强及装饰效果。

粘接维修紫砂陶器的方法与粘接维修瓷器的方法雷同。由于紫砂为紫红色，为了达到较好的装饰效果，宜在环氧为基的胶黏剂中加入适量的氧化铁红，待胶黏剂完全固化后，可用大于 300 目的水磨砂纸将胶黏剂表面轻轻打磨一层，即可起到消光作用，使粘补处与紫砂陶器的原色非常接近，显得自然美观。如果需要还可以上蜡处理。

古老的陶器光泽较差，再加上在土壤里埋藏多年，表面往往色泽发沌，且颜色多有异样的变化。由于年代较久，各种元素扩散分布在陶器表面，物理、化学情况都比较复杂，给粘接维修带来较大的难度。实践证明，用 WG 石材胶（无机胶黏剂）和环氧树脂为基的胶黏剂，再配以不同色泽的补强剂（加入量为 10％～40％较好），可取得较好的效果。此外，根据出土陶器的年限及表面情况，可先进行消光处理，再用 10％～20％水玻璃溶液调入与陶器颜色相似的黏土中（调成稀的涂料状），刷涂在被粘接修复处，往往使人们很难觉察到修复的痕迹。

4.9　塑料、橡胶、皮革制品的粘接维修

4.9.1　塑料制品的粘接维修

塑料有许多品种，性能各有不同，塑料制品更是千姿百态。粘接维修塑料制品时，首先要搞清楚是什么塑料，是聚氯乙烯、聚乙烯，还是 ABS 塑料等。然后选择相对应的即能相容、相亲、相粘的胶黏剂进行粘接。

粘接塑料的胶黏剂大致分为溶剂性的（相容性好的）和吸附性的。前者由于有相容、相亲作用，能使胶黏剂溶化、扩散、渗透在塑料的表层。经过挥发，渗透层完全干固后，粘接效果非常理想。后者由于仅有分子间范德华力的吸附作用，因此粘接效果不如前者。

有些塑料由于表面极性太差（如聚四氟乙烯、聚乙烯等），是很难用一般的胶黏剂进行粘接的，往往需借助偶联剂及电火花处理等特殊粘接技术，才能取得一定的粘接效果。

PVC 塑料胶、万能胶对一般的塑料制品都有较好的粘接性能。

4.9.2　橡胶制品的粘接维修

橡胶分为天然橡胶和合成橡胶。合成橡胶是发展材料工业的四大支柱之

一，可见橡胶制品在国民经济的建设中有着重要的地位。橡胶制品的品种也是数以万计的。因此，粘接维修橡胶制品也是非常需要和常见的事。

除了一些特种合成橡胶外，一般的橡胶都比较容易粘接修复。

对于天然橡胶制品，宜选用天然橡胶胶黏剂。最简单的配方是将天然橡胶熟胶片溶解在 $200^{\#}$ 以上的汽油中，分布均匀成涂料状即可。

对于合成橡胶制品，宜选用合成橡胶胶黏剂。常用的合成橡胶胶黏剂是以氯丁胶为基的，或者酚醛改性氯丁橡胶、接枝氯丁橡胶为基等，采用橡胶表面处理剂和加温、加压固化的处理工艺可大大提高粘接强度。

粘接橡胶制品时，务必注意以下几点。

① 尽可能对被涂胶表面进行粗化处理，可用粗砂布、锉刀将其表面打磨粗糙。

② 涂胶时要按照一定的方向，均匀地、用一定的手指压力涂 1～2 遍胶。

③ 涂胶后不可立即黏合，宜晾置。待涂胶面上的胶膜出现似黏非黏（用干净的手指触摸胶面，再离开胶面，胶不会拉丝，但又有一点点黏手的感觉）时，再进行黏合。黏合时，先涂胶的地方应先黏合。

④ 黏合后要及时地对黏合面施加压力，较大的固化压力有利于提高粘接强度。

上面叙述的是目前通用的较先进的冷粘接技术。若采用古老的粘片粘接橡胶制品，务必加热、加压固化，并于 180℃ 左右硫化处理 30～300min。

4.9.3 皮革制品的粘接维修

粘接维修皮革制品的工艺方法与粘接维修橡胶制品的工艺方法比较相似，恕不赘述。

4.10 保温纤维棉制品的粘接维修

常见的保温纤维棉制品有石棉、岩棉及硅酸铝纤维棉制品，这些制品常常因为被损坏而需要修复，采用粘接的方法既简便又实惠，同时还可提高这些制品的强度及保温性能。

石棉是一种耐高温材料，一般需用耐高温胶黏剂方能解决石棉制品的粘接维修问题。

许多耐高温胶黏剂粘接强度低，起始强度低，固化速度慢，或者固化工艺复杂，大大影响了应用范围和应用效果，而 WSi 系列、WKT 系列无机高温胶黏剂及 W-201 防火胶均克服了一般耐高温胶黏剂的上述缺点，适合粘接石棉制品。W-201 防火胶是单组分产品，起始黏度高，使用起来非常方便，涂胶后立刻可粘。WSi 系列、WKT 系列产品是双组分产品，保存期很长（大于 10 年），配制简单，操作方便，随用随配，安全无毒。

应该提醒的是：石棉具有无限可劈分性，稍微受外力作用就可不断地劈分成最小的微粒，而这些微粒可通过皮肤接触后潜入血管，有可能导致癌症。因此接触石棉制品一定要格外小心，更要防止石棉微粒通过呼吸道进入人体。

粘接维修岩棉、硅酸铝纤维棉等耐火制品的工艺和技术与粘接维修石棉制品的工艺和技术类似。

胶黏剂已成了材料工业中的四大支柱之一，在国民经济的发展中发挥着重要作用。"粘接"已公认是一种新的连接形式，具有强大的生命力，能解决许多传统的连接形式不能解决的难题。粘接技术已渗透到各行各业，使胶黏剂的用途越来越广。随着粘接学科的发展，过去的很多幻想，今天已变成了现实，天堑有了通途，以粘接代焊接、以粘接代铆接、以粘接代螺纹连接、以粘接代机械连接、以粘接代过盈配合、以粘接代缝合的应用实例已屡见不鲜。

第5章 粘接工程中常用材料的性能

粘接工程中被粘接的对象，即被粘物是由不同的材料构成的。粘接修理工作者如果不了解被粘接物材料的性能特点，是无法完成好粘接修理工作的。比如，不了解被粘接物材料的物化性能，就不可能选择最佳的胶黏剂，对被粘接表面的表面处理工作也将无从下手；此外，在选择粘接补强材料时，也会带来盲目性，造成不必要的经济损失。因此，一个优秀的粘接修理工作者，应务必了解被粘接物材料的基础知识。

本章主要是对粘接修理工作中经常使用、经常遇见的被粘接材料的基础知识做系统的简介。

5.1 金属材料

金属是由金属元素组成的单质，一般具有以下性质：①在常温下除汞是液体外，都是固体；②具有金属型晶格（即是由金属键结合的）；③具有金属光泽（反光性）而不透明，多数呈银白色；④多半具有延性和展性，可经锤击、滚压等处理手段而制成各种器件和模型；⑤有优良的导热性和导电性；⑥密度一般较大，相对密度小于5的，称作轻金属，如钠、钙、镁、铝等，相对密度大于5的，称作重金属，如金、银、铜、铁等。金属的晶体结构中，有中性原子、阳离子和自由活动的电子。金属的延性、展性、导热性和导电性等都与自由电子的存在有关。金属的化学性质主要表现在其原子容易失去电子而形成阳离子，因而容易与非金属等结合。活泼的金属能与酸发生置换作用。最活泼的金属，如钠、钾等，还能在常温下与水作用而置换出氢。金属一般可分为黑色金属和有色金属两大类别。金属与非金属之间有时很难划分界限。有些金属（如锌、铝等）往往列为半金属；有些非金属（如砷、碲等），按照其化学性质，可以列为金属。

铁是最常见的银白色金属，铁分为纯铁、工业用铁、生铁和熟铁。纯铁熔点为 1535℃，磁化和去磁都很快，在空气中不起变化，含有杂质的铁在潮湿的空气中逐渐生锈。铁溶于盐酸、硫酸和稀硝酸。在浓硝酸作用下，铁表面覆盖一层氧化薄膜而被钝化。工业用铁含有碳、硫、磷、硅等元素。生铁又称铸铁，含碳量在 1.7％以上，性硬而脆；熟铁又称锻铁，含碳量在 0.2％以下。

由一种金属与另一种（或几种）金属或非金属所组成的具有金属通性的物质称为合金，一般通过熔合成液体后，凝固而得。根据组成元素的数目，可分为二元合金、三元合金。根据不同的结构，可分为：①混合物合金，即当液态合金凝固时，构成合金各组分分别结晶而成的合金，如铋、镉合金；②固溶体合金，即当液态合金凝固时，形成固溶体的合金，如金、银合金；③金属互化物合金，即各组分相互形成化合物的合金，如 β-黄铜、γ-黄铜、ε-黄铜等。根据表面物理学的最新研究成果：合金材料表面发现了表面原子弛豫、表面再构、表面阶梯或扭折、表面成分偏析（或称分凝）、表面外来原子或分子的吸附、表面化合物的形成六种不同的非理想表面。

含碳量在 0.2％~1.7％的铁碳合金称为钢铁，简称钢。根据不同的冶炼方法，可分为平炉钢、转炉钢、电炉钢和坩埚钢；根据用途，可分为碳素钢和合金钢；根据脱氧程度与浇铸方式，可分为沸腾钢、镇定钢、半镇定钢三种。钢材主要分为四类，即钢板、钢管、纯材与型钢。

含有一定量的合金元素的钢称为合金钢。根据合金元素含量可分为低合金钢（合金钢元素的总含量一般在 3％~5％以下）、中合金钢（合金钢元素的总含量一般在 5％~10％）和高合金钢（合金元素的总含量在 10％以上）。根据合金钢元素的种类可分为镍钢、铬钢、钨钢、钼钢、锰钢、硼钢、铬镍钢、铬钒钢、锰硅钢等。根据用途可分为合金结构钢、合金工具钢和特种合金钢（如不锈钢、耐热钢等）。

5.2 橡胶材料

橡胶是一种具有高弹性的高分子材料。这种高弹特性表现在受外力作用下很容易发生变形，当外力除去后又能迅速恢复原状。这一特性是橡胶材料区别于其他材料的重要标志。

橡胶可分为未经硫化处理的生橡胶（或称生胶）和已经硫化处理的熟橡胶（或称橡皮）。生橡胶不仅强度低，而且存在夏天发黏、冬天变硬的缺点，这些缺点大大限制了生胶的应用价值。所谓硫化处理，就是将少量硫黄混入生胶中，并加热处理，从而使生胶的弹性大大增加，并能经受使用环境温度的变化，还保持其应有的性能。

橡胶还可分为天然橡胶和合成橡胶两大类。天然橡胶为异戊二烯的高聚体，由橡胶植物（有 400 多种）所得的胶乳经加工而成，例如三叶橡胶、马来树胶、杜仲胶、古塔橡胶等。合成橡胶由单体经聚合或缩聚而制得，例如丁基橡胶、丁腈橡胶、硅橡胶、聚硫橡胶、丁苯橡胶、顺丁橡胶、氯丁橡胶等。

橡胶制品一般分为轮胎、带管、胶布、工业用品、生活用品五大类，其中工业用品包括的范围最广。不同橡胶制品的橡胶中，往往由于添加了不同的硫化剂、促进剂、活性剂、防焦剂、防老剂、补强剂、填充剂、软化剂、着色剂、发泡剂、隔离剂、溶剂和其他配合剂，如耐油剂（牛皮胶、甘油、骨胶等）、防霉剂（五氯酚、环烷酸铜、二羟二氯二苯甲烷等）、电性能调节剂（陶土、滑石粉、石墨、导电炭黑、碳酸钙、氧化铝等）及纤维材料、金属材料、纳米材料等，而导致橡胶制品具有不同的物化性能，如不同的色彩、弹性、耐磨性、耐氧化性、耐寒性、耐热性、耐老化性等。

5.3 塑料材料

严格来说，塑料与合成树脂还是不同的概念。塑料通常是指由合成树脂加入填料、增塑剂、稳定剂、润滑剂、色料等添加剂，经过加工形成的塑性材料或固化交联形成的刚性材料。由此可见，合成树脂是塑料的最基本原料，而合成树脂是指人工合成的高分子化合物。

不同的塑料具有不同的物化性能和一些特殊性能。塑料一般具有美观、色彩艳丽、质轻、绝缘、耐摩擦、耐腐蚀、耐寒、不耐高温、不耐老化等特点，多半用作绝缘材料和结构材料，是航空、航天、航海、汽车、电机、机械、化工、建筑和日用品等工业必用的重要材料。

塑料的种类有很多，根据受热后的性能变化情况可分为热塑性塑料和热固性塑料。顾名思义，热塑性塑料在加工成型后，加热时会软化，又加工成一定形状，并能多次重复加热塑制。热塑性塑料的化学构造为链状线型分子。热固性塑料在加工成型后，加热时不会再软化，在溶剂中不会再溶解。热固性塑料的化学构造为体型分子。

塑料按其应用可分为通用塑料和工程塑料两大类。通用塑料一般是指使用广泛、产量大、用途多、价格较低廉的塑料（如聚氯乙烯、聚苯乙烯、聚烯烃等）；工程塑料是指具有某些金属性能，能承受一定外力作用和较高机械强度的塑料（如聚酰胺、聚砜、聚苯醚、聚硫酸酯、ABS 等），可用于一些工程中作结构材料。

5.4　纤维材料

纤维材料指在纺织生产中制作纱线和织物的单元体，具有适当的长度、弹性、吸湿性、耐磨性、柔曲性和强度，是细长的链状高分子化合物，不溶于水。大多数是有机物质，少数是无机物质。

纤维材料有许多品种，根据来源可分为天然纤维和化学纤维两大类。天然纤维有植物性的（如棉、亚麻、苎麻、马尼拉麻、西沙尔麻等）、动物性的（如羊毛、蚕丝、耗牛毛等）、矿物性的（如石棉、岩棉）。化学纤维有：人造纤维，如纤维素纤维（黏胶纤维、铜氨纤维等）、蛋白质纤维（牛乳、大豆、花生、玉米等）、其他纤维（橡胶、藻朊等）；半合成纤维，如醋酸纤维等；合成纤维，如聚酰胺类（尼龙 6、尼龙 66、尼龙 1010、芳香尼龙等）、聚酯类（聚对苯二甲酸乙二醇酯、共聚酯等）、聚丙烯腈类（聚丙烯腈纤维、氯乙烯与丙烯腈共聚纤维等）、聚乙烯醇类（聚乙烯醇缩甲醛纤维等）、聚烯烃类（聚乙烯、聚丙烯纤维等）、含氯纤维（聚氯乙烯、过氯乙烯、偏二氯乙烯与氯乙烯共聚纤维等）、耐高温纤维（聚四氟乙烯纤维等）、其他纤维类（聚氨酯弹性纤维等）；无机纤维，如玻璃纤维、硅酸铝纤维、碳纤维等。

合成纤维是合成高分子化合物为原料制得的化学纤维的总称。与人造纤维相比，一般强度较好，吸湿性较小，染色较困难。合成纤维可根据大分子主链分为碳链纤维（如聚氯乙烯纤维、聚丙烯腈纤维、聚丙烯纤维等）和杂链纤维（如聚酯纤维、聚酰胺纤维等）。

纤维还可以根据长度分为连续纤维、长纤维和短纤维。连续纤维长达数百米，长纤维的长度为 $0.5 \sim 1.0$ m 左右，短纤维长度一般小于 150mm。支数（N_m）和纤度（D）是表示纤维物理机械性能的主要标志。支数是一定质量纤维的长度，即 $N_m =$ 纤维的长度（m）/纤维的质量（g）；支数越大，纤维越细。纤度是一定长度纤维的质量，即 $1D = 9000/$ 公制支数（表示 9000m 长纤维的质量克数）；纤度越大，纤维越粗。

鉴别纤维的方法有很多，如显微镜观察法（观察纤维的截面与侧面形态）、相对密度测定法、燃烧试验法、溶解试验法、红外光谱法等，而常用的方法是燃烧试验法和显微镜观察法。下面重点介绍对粘接修理工比较适用的燃烧试验法（详见表 5-1），人们可以根据纤维的燃烧状态对被粘物——纤维做出正确的鉴别，以利于选择胶黏剂和粘接修理工艺。

纤维制品——纤维布的出现，大大提高了纤维的使用价值。

目前应用最多、最广的纤维布是玻璃纤维布和硅酸铝纤维布。最有应用价值的纤维布是碳纳米（管）纤维布。还有一些特殊纤维布，如铜氨纤维布、芳纶纤维布、碳纤维布，由于它们具有良好的耐磨、拉伸强度等特殊性能，在特种粘接技术中也得到了应用。下面简单地介绍一些常用纤维布的特性。

① 粘贴玻璃纤维布其实就是利用玻璃钢技术，对被粘接物进行加固增强。例如，环氧胶黏剂脆性大，其剥离强度较低，用粘贴玻璃纤维布技术增强处理后，其剥离强度可增加 $8\sim10$ 倍，冲击强度可增加 $3\sim4$ 倍。

② 硅酸铝纤维布的物化性能全面优于玻璃纤维布，因此粘接硅酸铝纤维布的增强效果比粘贴玻璃纤维布要好，然而其成本略高，因此一般情况下采用玻璃纤维布更为划算。

③ 碳纤维，其强度是钢的 2 倍，重量却是钢的 1/4。粘贴灰纤维布的增强效果是可想而知的。据专家考证，粘接灰纤维布增强处理技术应用于钢筋混凝土建筑物上时，其拉伸强度可增加 $5\sim6$ 倍，抗震性能可提高 $2\sim3$ 级。尽管目前碳纤维布的售价是玻璃纤维布的几十倍，由于粘贴碳纤维布的综合效益十分可观，因此近年来越来越被人们认可，应用范围也越来越广。

④ 碳纳米（管）纤维是近年来新型的高科技、高性能材料，它的强度比钢高 100 倍，而重量却是钢的 1/6。此外，碳纳米管的电导率、热导率非常好，据称碳纳米管是拉伸强度最高的材料。碳纳米（管）纤维编织成的布已经问世，粘贴碳纳米纤维布的效果肯定是无与伦比的。

表 5-1　各种纤维的燃烧状态

试验 纤维			燃 烧 状 态				
			接近火焰时	火焰中	离开火焰后	臭味	灰的颜色与形状
天然纤维	动物纤维	羊毛、丝	收缩	一边收缩，一边燃烧	继续燃烧，在燃烧前先收缩	似烧羽毛的臭味	黑色，膨胀块状，易碎
	植物纤维	棉、麻	与火焰接触立即燃烧	燃烧	继续很快燃烧，有残渣	似纸燃烧的臭味	灰白色，柔软粉末状
化学纤维	人造纤维	黏胶纤维	与火焰接触立即燃烧	燃烧	继续很快燃烧，无残渣	似纸燃烧的臭味	灰量比棉少
		铜氨纤维	与火焰接触立即燃烧	燃烧	继续很快燃烧，无残渣	似纸燃烧的臭味	灰量比棉少
	半合成纤维	醋酸纤维	熔融	熔融并很快燃烧	一边熔融，一边继续燃烧	醋酸味	黑色，硬脆块状，无规则形
	合成纤维	尼龙	接近火焰时发生熔化	熔融燃烧	不继续燃烧	芹菜臭味	灰色，玻璃珠状硬块

试验　纤维		燃 烧 状 态				
		接近火焰时	火焰中	离开火焰后	臭味	灰的颜色与形状
化学纤维	维纶	接近火焰时发生熔化	熔融燃烧	继续燃烧	香花气味	黑色,不定形
	聚酯纤维	接近火焰时发生熔化	熔融燃烧	容易燃烧	稍带香味	黑色,圆珠状
	丙烯腈纤维	熔融着火	熔融燃烧	一边发光,一边继续燃烧	微带烧肉臭味	黑色,不定形
合成纤维	丙烯类纤维	收缩	熔融,燃烧冒黑烟	不继续燃烧	烧石蜡臭味	黑色,不定形
	聚乙烯纤维	收缩	熔融,燃烧冒黑烟	不继续燃烧	麻辣甜味	黑色,不定形
	聚偏氯乙烯纤维	收缩	熔融,燃烧冒黑烟	不继续燃烧	特殊臭味	黑色,不定形
	聚烯烃纤维	收缩	熔融,燃烧冒黑烟	慢慢熔融并燃烧	烧石蜡气味	灰色,块状
	玻璃纤维		熔融不变色		无臭	玻璃本色,球珠状

5.5　竹、木材料

　　天然的竹、木材料人们似乎很熟悉,因为它们具有来源广、用途大、易加工、价格低廉的特点,在人类发展的历史长河中扮演着重要角色,发挥了重要作用。在工农业生产及人们生活领域中,几乎处处可以见到它们的制品。然而天然的竹、木材料存在易受潮、易生虫、易生霉、不耐火、横向撕裂强度低(指与其纤维纹路呈垂直方向作用力下的拉伸强度)等缺点,并且大量砍伐竹、木会破坏生态平衡,造成水土流失,这促使人们不得不开发研制人造竹、木材料和合成材料。与此同时,粘接修理竹、木制品的技术也日益引起人们的重视。

　　人造竹、木材料是先将竹、木材料的边角废料或者将不成材的竹木材料加工成屑料、片料、粉料后,用胶黏剂将其粘接在一起,然后再通过一定的加热、加压成型工艺,做成不同规格的型材,如人造纤维板、三合板、五合板、人造刨花板、人造屑块板等。人造竹、木材料与天然竹、木材料的性能几乎相同;然而人造竹、木材料与天然竹、木材料相比存在质重、吸水性差、耐虫蛀性及耐腐蚀性较好等特点。

　　合成竹、木材料又称仿竹、木塑料,是可以来代替竹、木材料的硬质低发泡塑料。一般用低价格的树脂，如聚氯乙烯、聚苯乙烯、聚乙烯、聚丙烯等通过低发泡的特殊加工，提高刚性而制得。与一般的竹、木材料相比，具有物化性能比较均一、质轻、不吸水、耐虫蛀、耐腐蚀、易着色、尺寸稳定、易加工、易粘接、可批量重复生产等优点。但耐候性、刚性、触摸感较差。合成竹、木材料已广泛用于制造家具、家庭用品、电气用品、包装材料、建筑材料、化工用品（如通风筒、反应槽、耐蚀桶）等。

5.6 复合材料

复合材料指用物理方法和化学方法或用两者兼有的方法制得的并含有两种以上材料的材料。或者说，复合材料是由两种或两种以上物理和化学性质不同的物质组合而成的一种多相材料。复合材料克服了单一材料的某些弱点，发挥了各种组成材料的优点，提高了材料的综合性能，扩大了材料的用途及应用范围。

如三合胶板、五合胶板（用不同的木板和胶黏剂层热压复合制得）、铝塑板（一般由中间——塑料板和里、外面板层——不同铝箔层，用不同的胶黏剂粘接复合而成）等，是用物理的方法制得的复合材料。铝塑复合板材相比于铝板材和塑料板材，很明显地增加了应用价值，因为这种复合材料具有更好的综合性能，如质轻、耐候、耐腐、隔声、保温、经济、美观等。

钙塑板（钙塑复合材料）是用化学方法制得的复合材料，即用合成树脂互相混合并与钙盐等混合而制得的复合材料。钙塑板具有优良的化学稳定性、耐高低温性、可加工性、耐水性、耐溶剂性、难燃性及隔热性。钙塑复合材料已广泛用作建筑材料、工业材料、包装材料、家具材料和日用品等。

5.7 功能材料

功能材料又称智能材料，指具有一些比较特殊的技术本领的材料，能解决一般材料解决不了或者难以解决的技术问题。

随着社会的发展和科学的进步，功能材料的作用越来越大，品种越来越多。一般是按其用途来分类，如超高温功能材料、超低温功能材料、超导功能材料、超强度功能材料、超绝缘功能材料、超隔声功能材料、超隔热功能材料等。

按功能和用途的多少来分类，可分为单功能材料、双功能材料、多功能材料和特殊功能材料。

① 单功能材料 指具有单一功能的材料。这一类功能材料数量较多。如超高温功能材料、超低温功能材料、阻尼吸声功能材料、抗摩擦磨损功能材料、导热功能材料、导磁功能材料等。

② 双功能材料 指具有两种功能的材料。如：快速堵漏胶棒，具有快速粘堵漏油和漏水的双重功能，而且是边漏边粘，快速止裂止漏；导电、导热双功能材料；隔热、隔声双功能材料等。

③ 多功能材料 指具有两种以上功能的材料。如：多功能胶纸，具有防渗碳，防渗氮，防渗硼，防碳、氮共渗，防淬火，防淬裂，防高温腐蚀及防火 8 种功能；多功能粉材，具有防水、防火、防滑、隔声、隔热 5 种功能；许多纳米材料也是多功能材料。

④ 特殊功能材料 指具有一些特殊功能的材料。如梯度功能材料。这类功能材料或者内侧耐高温而外侧导热性好，或者内、外侧温度相差悬殊（>800℃），可在表面温度高达 1500℃ 的环境中正常工作。这一类功能科技含量更高，用途和效益尤为特殊，是发展功能材料的主要方向。

值得提醒的是：有些功能材料往往就是复合材料，有些复合材料往往也是功能材料。

5.8 纳米材料

纳米科技是 20 世纪 80 年代新兴的科技。对纳米材料的研究因历时较短，其名称的命名尚处于自由状态。首先对"有效"的纳米尺度范围尚有争议。从目前大量的文献来看，一般有三种：①将 0.1~100nm 的范围视为纳米尺度；②将 1~100nm 的范围视为纳米尺度；③将 1~1000nm 的范围视为纳米尺度。目前第二种观点比较得到广泛的认同，根据一些研究结果，纳米尺度在小于 1000nm 的范围内很难有明确的界限，问题的关键是看当达到某一纳米尺度后物质的性能是否能发生突变，而这一突变的性能是被人类所利用的，并对社会的发展和人类的进步产生积极的作用。

从狭义上来说，达到纳米尺度的材料称为纳米材料。从广义上来说，纳米材料是指在三维空间中至少有一维处于纳米范围或由它作为基本单元构成的材料。

纳米材料按维数来分，可分为三类，即零维、一维、二维。零维指在空间中三维均在纳米尺度，如纳米尺度颗粒、原子团簇；一维指在空间中有两维处于纳米尺度，如纳米丝、纳米棒、纳米管等；二维指在空间中有一维在纳米尺度，如超薄膜、超晶格、多层膜等。

纳米原来就是一个长度单位，是 1m 的十亿分之一。自古以来就有纳米材料和纳米结构的存在。例如，中国古代的墨、颜料就是用其纳米材料制造的。动物的牙齿、陨石、贝壳、荷叶表面都具有纳米结构。值得重视的是，现在人们谈论的纳米材料，不仅是长度的概念，也不仅是如何应用天然的、古老的的纳米材料，重要的是在那个"有效"的纳米尺度层次中，人们发现出现了在微观和宏观领域不具备的特性，可称为界观特性或纳米结构性质。更重要的是，当今人们已经可以人工制造出自然界尚不存在或者自然界已经存在但人类还没有仿生出来的新材料，并采用新的纳米技术和特种粘接技术把这些新材料应用到各个领域，从而促使社会经济、国防建设和人们的生活发生质的变化。正是这样的原因，当今举世公认的纳米科技已成为一颗耀眼的、新的科技明星。有专家认为，21 世纪将是纳米经济时代。因此，纳米材料备受科技工作者的关注，可以说纳米材料是探索纳米科技奥秘的桥梁。

5.9　纳米复合材料

真正的纳米微粒用肉眼是看不到的，真正具有独特性能而又具有应用价值的应属纳米复合材料。

纳米复合材料是指分散相尺度有一维小于 100nm 的复合材料。由此可见，纳米复合材料的种类是繁多的，性能是很特别的，用途是非常广泛的，发展前景是十分可观的。

纳米复合材料按其分散相的组成成分，可分为非聚合物基纳米复合材料（如金属与陶瓷、金属与金属、陶瓷与聚合物等）和聚合物基纳米复合材料（如无机物与聚合物、聚合物与聚合物等）。

纳米复合材料还可按其性能、形态、基材、用途及分散相等的不同进行分类。由于"纳米复合材料"名词的提出至今也只不过是近十多年的事，所以其分类方法还处于自由发展状态。目前，多数人喜欢按用途来分类，如分为纳米复合涂料、纳米复合塑料、纳米复合催化剂、纳米医用胶黏剂、纳米复合胶黏剂等。

5.10　高强材料

高强材料泛指具有高拉伸强度的固体材料，它具有重要的应用价值和市场需求。无数的实验证明，绝大多数材料最高强度的测定值比理论强度的估计值至少要低两个数量级。这是因为人们很难得到完整无缺，各部分都是均匀的，不含裂纹、位错、掺杂物、杂质原子及其他缺陷的理想材料。于是人们开动脑筋创造了一些新的科学技术，克服了一些非理想材料的缺点，因而制造出了新的高强材料，从而来满足科研、生产及生活的各种需要。

高强材料随着科技的发展日益进步，品种也越来越多。目前，已成体系的高强材料有金属高强材料、纤维增强高强材料、纳米复合高强材料。

金属高强材料是工程上所用到的主要的高强材料。金属高强材料大致分为高温强度和低温强度两种基本类型，而且它们的强度均有良好的再现性。

纤维增强高强材料、纳米复合高强材料其实均属功能复合材料。由于纤维和纳米复合材料可以大大减少破坏强度对固有高强材料中存在的裂纹等缺陷的敏感性，因而固有高强材料的拉伸强度得到很大提高。

5.11 超强吸水材料

吸水性材料与人类生产、生活及科研活动有十分密切的关系。在人们日常生活中，在取水、排水、保水、利用水的过程中，必须使用许多吸水性物质，如毛巾、抹布、餐巾、海绵、尿布、凉粉、冻胶、明胶、琼脂、氯化钙、氧化钙、活性炭、分子筛、磷酸、硫酸、硅胶、水基胶等。

天然的吸水材料和通过简单的化学反应而制得的吸水材料虽然来源广、价格廉，但由于吸水能力比较小，特别是吸水后保水能力比较差，远远满足不了现实要求，因此超强吸水材料被逐一开发出来。

超强吸水材料多为超强吸水性树脂，即吸水性能特别强的高分子材料。其吸水量为自身的几十倍乃至几千倍，这是一般吸水材料不可比拟的。

超强吸水材料往往既具有独特的吸水性和保水功能，又能保持高分子材料的基本特性，所以又有人称超强吸水材料为功能高分子材料，属于功能材料的重要类别。

超强吸水材料按原料来源来分，可分为淀粉基、纤维素基、合成聚合物基、蛋白质基、共混物及复合物基、其他天然物及其衍生物基六大系列。

超强吸水材料按制品的形态来分，可分为粉末状类、纤维状类、薄膜状类和颗粒状类。

超强吸水材料还可按照其亲水基因的种类和亲水化方法来分类。

我国对超强吸水材料的开发研究工作起步较晚，然而发展速度是可观的，发展前景是喜人的。超强吸水材料为广大妇女儿童带来福音，为病人带来方便。用特种粘接技术和超强吸水树脂等材料研制的植物生长基球，将可能使沙漠变绿洲。超强吸水材料已成为农、林、牧、医及各个科研领域不可缺少的材料。

毫无疑问，只有选用或研制出许多与超强吸水材料相匹配的胶黏剂、粘接技术及粘接修理技术，才能使超强吸水材料得到更广泛、更有价值的应用。

5.12　染料

染料指能使其他物料着色的有色物质。染料的种类较多，根据来源可分为天然染料和合成染料（或称人造染料）；根据化学成分可分为有机染料和无机染料；根据化学结构可分为靛系染料、偶氮染料、蒽醌染料、醌亚料、芳甲烷染料、硫化染料、酞菁染料、喹啉染料、硝基染料、亚硝基染料、多甲基染料、黄酮染料、羟酮染料等；根据用途可分为印染染料、混纺染料、醋酸纤维染料、毛皮染料、食用染料、标志染料；根据应用方法可分为直接染料、媒染染料、弱酸性染料、酸性染料、碱性染料、还原染料、硫化染料、氧化染料、冰染染料、溶性染料、溶性还原染料、分散性染料、活性染料、阳离子染料等。

染料颜色艳丽，很容易使被染物上色，而且着色牢固，不易褪色。尤其是合成染料，品种多，色谱全，光泽艳丽，耐洗耐晒，不仅各种性能较优于天然染料，而且来源广、价格廉、用途更多。染料早已在轻纺、橡胶、塑料、纤维、皮革、皮毛、造纸、食品、涂料、化妆品、艺术品、摄影材料、化学试剂、生物着色剂、防腐剂等领域广泛应用。

染料用于粘接修理技术中，出于美观需要，往往需要将胶黏剂进行染色处理。染色处理胶黏剂的方法大致可分为表面染色处理法和整体染色处理法。

① 表面染色处理法，即待胶黏剂在粘接修理处完全固化后，再用配好色（根据实际需要染色）的胶黏剂涂覆在已固化的原胶黏剂表面。

② 整体染色处理法，即根据被粘接修理物对色彩的需要，将选定的染料加入胶黏剂中充分搅拌均匀，使胶黏剂整体染成所需的色调后，再用其进行粘接修理工作。值得重视的是，被选择的染料及其添加量应该不会影响胶黏剂的基本性能。如果染料与胶黏剂发生化学反应，影响胶黏剂的粘接强度及其物化性能，因而不能满足粘接修理质量的要求，那么这种染料染色效果再好也是不可取的。唯有用模拟实验的方法才能对染料的品种及其添加量做出正确的选择。

5.13 颜料

颜料指能使某些材料着色的物质。尽管颜料与染料的着色原理不同，但颜料的用途与染料的用途相似。

颜料的品种繁多，一般分为有机颜料和无机颜料两大类。

5.13.1 有机颜料

有机颜料的来源、生产工艺及品种、用途与有机染料大致相似，所以人们一般将有机颜料与有机染料相提并论。

有机颜料主要包括颜料和色淀两类，主要用作油墨、美术颜料、涂料、橡胶、塑料等方面的着色剂。

颜料类主要有偶氮颜料、酞菁颜料、还原颜料、杂环颜料等。

色淀类主要有用胶作沉淀剂的色淀和用盐作沉淀剂的色淀。

5.13.2 无机颜料

无机颜料指其化学组成为无机物的颜料。无机颜料的着色力一般比有机颜料差，但其耐热性能、耐熔性能及防锈性能比有机颜料好。无机颜料通常分为白色颜料、彩色颜料和黑色颜料。无机颜料还有体质颜料和着色颜料分类之说。

5.13.2.1 白色颜料

白色颜料主要有钛白粉、立德粉、氧化锌、铅白。其中，钛白粉的着色强度最好。

① 钛白粉学名二氧化钛（TiO_2），是重要的白色颜料。在自然界中有金红石矿、锐钛矿和板锐矿三种变体。其化学性质相当稳定，一般情况下与大部分化学试剂都不发生作用。市场上的商品有两种：一种是金红石型钛白粉，相对密度为 4.26，折射率为 2.72，耐光性较强；另一种是锐钛矿型钛白粉，相对密度为 3.84，折射率为 2.55，耐光性较差。

② 立德粉学名锌钡白，是硫化锌和硫酸钡相混合而成的白色颜料。其遮盖力、着色力均较好，仅次于钛白粉，但比锌白粉强。不溶于水，与硫化氢和碱液均不起作用，但遇酸液分解而产生硫化氢气体。经日光长久曝晒能变色，但放在暗处仍恢复为原色。

③ 氧化钛又称锌氧粉和锌白，是一种两性氧化物，溶于酸、氢氧化钠和氯化铵溶液，不溶于水和乙醇，受高温时呈黄色，冷却后又可恢复为白色。

④ 铅白学名碱式碳酸铅，又名白铅粉，是有毒的白色粉末状颜料。相对密度为 6.14，在 400℃ 便可分解。不溶于水和乙醇，微溶于二氧化碳的水溶液，溶于醋酸、硝酸和烧碱溶液。有良好的耐候性，但与含有少量硫化氢的空气接触，即逐渐变黑。

5.13.2.2　彩色颜料

彩色颜料主要有金属彩色颜料、铬酸盐颜料、氧化铁颜料、华蓝、群青、镉颜料、红色颜料、煅烧颜料 8 大类别。

① 金属彩色颜料主要有铝粉、锌粉、铅粉、锰粉、铜粉、金粉、银粉及不锈钢等。这些金属颜料有很好的防护和装饰效果。目前铝粉和铜粉是广泛应用于涂料和胶黏剂中的金属颜料。

② 铬酸盐颜料是含铬的颜料。主要有铬黄、锌黄、碱式铬酸锌、铬酸钾钡、铬酸锶、铬酸钙、铬酸锶钙及氧化铬绿等。铬黄颜色鲜艳，是黄色颜料中遮盖力和着色力最好的一种，应用很广泛。铬黄耐稀酸、耐有机溶剂、抗粉化，主要缺点是有毒，受硫化物和光的作用颜色会渐渐变暗。铬绿是指铅铬绿和氧化绿。铅铬绿是带绿相的铬黄和华蓝的混合物，随华蓝含量（2%～5%）的递增，其颜色从淡黄绿逐变为绿。铅铬绿的耐光、耐候性、着色力及遮盖力都较好，其主要缺点是化学稳定性差、浮色现象严重。氧化铬绿（Cr_2O_2）的色泽不够鲜艳，着色力和遮盖力差，但具有较好的化学稳定性和耐候、耐光、耐温性。氧化铬绿是目前无机绿色颜料中用量和产量最大的一种绿色颜料。

③ 氧化铁系列颜料是重要的无机彩色颜料。其色调广、品种多，主要品种有铁红、铁黄、铁黑、铁棕、铁绿、铁紫等三十余种。氧化铁系列颜料具有高度的着色力和遮盖力，耐水，耐光，除铁黄外均耐热，几乎对所有的化学药品都具有较好的稳定性。

④ 华蓝颜料是亚铁氰化钾、钠、铵的配位化合物，是最重要的一种无机蓝。该颜料物化性能均稳定、良好，但不耐碱。此外，华蓝颜料粒子结构较硬，分散过程较困难。

⑤ 群青颜料是晶格中含钠和硫的铝硅酸盐。群青颜料的特点是色泽鲜艳，呈淡红蓝色，具有优良的耐光、耐热、耐候及化学稳定性。该颜料的主要缺点是着色力、遮盖力较差，且不耐酸。

⑥ 镉颜料是黄色-红色颜料，分为镉黄和镉红两种。镉黄是 CdS，色调是从浅黄到红相的橙色。镉红是镉的硫硒化合物 CdS_nSe_{1-n}，其颜色取决于 S 和 Se 的比例，色调是从橙红到紫红。镉颜料颜色都很鲜明，具有高度的耐热、耐光、耐候性能。其主要缺点是有毒，耐酸性能较差，在潮湿的大气中容易褪色。

⑦ 红色颜料是使用最广的一种颜料，品种有红丹、朱红、氧化铁红等。红丹又称铅丹，学名四氧化三铅（Pb_3O_4），是鲜橘红色重质粉末，相对密度为 9.1，在 500℃分解为一氧化铅和氧。不溶于水。但溶于热碱溶液，有氧化作用。与盐酸发生反应产生氯气，溶于硫酸产生氧气。朱红又称朱砂、丹砂和辰砂，是汞的主要矿物，大红色，金刚光泽至金属光泽。氧化铁红常称铁红，学名三氧化二铁，有天然铁红和人造铁红两大类。天然的铁红称作西红，基本上是纯粹的氧化铁，红色粉末。人造铁红由于生产工艺不同，其晶体结构和物理性状都有很大差别，色泽可在橙、蓝、紫之间变动。氧化铁的遮盖力、着色力都很强，且具有耐光、耐高温、耐候、耐一切碱性物质的特性。在浓酸中，只有在加热情况下才逐渐溶解。氧化铁红用途很广，又是特别的精磨材料，可用于精密的五金仪器、光学玻璃等的抛光。用于环氧基胶黏剂中，不仅是良好的调色剂，而且可大大提高胶黏剂的耐高温、耐酸碱及耐磨性能。

⑧ 煅烧颜料，通常以具有高温稳定性能的氧化锆（ZrO_2）、氧化钛（TiO_2）、硫酸锌（$ZnSiO_4$）、氧化铝（Al_2O_3）、氧化锡（SnO_2）等为骨架，配入着色金属离子而组成。如钛镍黄、锰铁黑、铝钛蓝、钛灰、铁铬黑、铜铬黄、钛镍锑棕、钛铁棕及钛镍钴绿等。该系列颜料具有特殊的耐热性（如铅钴蓝耐 1313℃的高温）、耐腐蚀性、耐老化性，而且无毒、不浮色、电导率低。

5.13.2.3　黑色颜料

黑色颜料主要有炭黑和铁黑。

炭黑颜料是由烃类物质经过种种热裂解（热解）方法而制得的，其主要成分是碳。大多数炭黑粒子的形状近于球形。它的结构类似于石墨晶体的结构，但不如石墨晶体排列整齐。炭黑颜料的化学稳定性很好，耐酸碱，即使在光和高温作用下，酸碱也对它不产生作用。具有非常高的遮盖力和着色力，吸油率极高，可达 180％左右。此外，其耐候性、耐光性也极好，是最常用的黑颜料。

铁黑颜料的学名是四氧化三铁（Fe_3O_4），相对密度为 4.73，其结构为立方晶系。该颜料具有很高的着色力、遮盖力、耐候性和耐光性,并有一定的防锈能力,能溶于各种稀酸。铁黑颜料再次煅烧时可转变为铁红颜料。

5.14 试剂

试剂又称化学试剂或试药。广义上是指为实现化学反应而使用的化学药品,狭义上是指化学分析中为测定物质的成分或组成而使用的纯化学药品。根据试剂纯度可分为:①优级纯或一级品,简称 GR,纯度最高,适用于精密分析和科学研究工作;②分析纯或二级品,简称 AR,纯度比一级品略差,适用于重要分析和一般研究工作;③化学纯或三级品,简称 CP,纯度比二级品相差较多,适用于工矿、学校一般的分析工作。此外,还有实验剂,品级更差些,供一般化学实验用。通常每种试剂有一定的质量标准(国家标准、部颁标准或企业标准)。基准试剂含量的质量指标应该是 99.9%~100.1%。

常用溶剂及其性质见表 5-2,处理被粘物表面的最佳溶剂见表 5-3。

表 5-2 常用溶剂及其性质

名称		沸点/℃	闪点/℃	水中溶解度 (质量分数,20℃)/%	蒸压气 (20℃)/kPa
醇类	乙醇	78.32	14	∞	5.85
	异丙醇	82.26	13	∞	4.40
	甲醇	64.7	12	∞	12.81
酮类	丙酮	56.24	−18	∞	24.53
	丁酮	79.57	−2	26.8	9.56
	环己酮	156.5	63	2.3	—
酯类	醋酸乙酯	77.15	−4	8.42	9.71
	醋酸丁酯	126.0	22	0.68	1.33
	乳酸乙酯	154.5	49	25	23.33
醚类	乙醚	34.6	−29	6.9	58.93
	四氢呋喃	64	−22.5	∞	—
	二氧六环	101.3	8.0	∞	3.60
芳烃类	苯	80.1	−11	0.09	9.96
	甲苯	110.7	4	0.05	2.96
	二甲苯	138	27	0.01	0.80(115℃)
卤烃类	二氯甲烷	40	不燃	1.38	46.53
	二氯乙烷	83.7	13	0.90	8.67
	三氯乙烯	86.95	不燃	0.11	7.73
烷烃类	汽油	80~100	−25	—	—
	正己烷	65~69	−22	0.014	
	环己烷	80.8			

表 5-3　处理被粘物表面的最佳溶剂

被粘物	可用溶剂	最佳溶剂
钢铁	丙酮、三氯乙烯、醋酸乙酯	三氯乙烯
铝及其合金	丙酮、三氯乙烯、丁酮	丁酮
铜及其合金	丙酮、三氯乙烯	三氯乙烯
不锈钢	丙酮、三氯乙烯	三氯乙烯
镁及其合金	丙酮、三氯乙烯	三氯乙烯
钛及其合金	丙酮、丁酮、异丙酮、甲苯	丁酮
环氧玻璃钢	丙酮、丁酮	丙酮
酚醛塑料	丙酮、丁酮	丙酮
尼龙	丙酮、丁酮	丙酮
聚碳酸酯	甲醇、丙醇	丙醇
有机玻璃	甲醇、异丙醇、无水乙醇	无水乙醇
聚氯乙烯	三氯乙烯、丁酮	三氯乙烯
聚乙烯、聚丙烯	丙酮、丁酮	丙酮
聚酯	丙酮、丁酮	丙酮
聚苯乙烯	甲醇、丙醇、无水乙醇	无水乙醇
ABS	甲醇、乙醇、丙醇	乙醇
氟塑料	三氯乙烯	三氯乙烯
天然橡胶	甲苯、甲醇、异丙醇、乙醇、汽油	甲醇
氯丁橡胶	甲苯、甲醇、异丙醇	甲苯
丁腈橡胶	甲醇、醋酸乙酯	甲醇
丁基橡胶	甲苯	甲苯
丁苯橡胶	甲苯	甲苯
乙丙橡胶	丙酮、丁酮	丙酮
硅橡胶	丙酮、甲醇	甲醇
聚氨酯橡胶	甲醇、丙醇	丙醇
氯磺化聚乙烯	丙酮、丁酮	丙酮
玻璃	丙酮、丁酮	丙酮
陶瓷	乙醇、丙酮	丙酮
赛璐珞	甲醇、异丙醇	甲醇
聚氯乙烯人造革	120 号汽油、二甲基甲酰胺、丁酮、醋酸乙酯、丙酮	丁酮
聚氨酯合成革	丁酮、醋酸乙酯、二甲基甲酰胺	醋酸乙酯

5.15　砂布代号与粒度号数对照

铁砂布、木砂布、水砂布代号与粒度号数对照分别见表 5-4～表 5-6。

表 5-4　铁砂布代号与粒度号数对照

代号（习惯）		0000	000	00	0	1	1.5	2	2.5	3	3.5	4	5	6
磨料粒度号数	上海	220	180	150	120	100	80	60	46	36	30	24	—	—
	天津	200	180	160	140	100	80	60	46	36	—	30	24	18

表 5-5　木砂布代号与粒度号数对照

代号（习惯）		00	0	1	1.5	2	2.5	3	4
磨料粒度号数	上海	150	120	80	60	46	36	30	20
	天津	160	140	100	80	60	46	36	30

表 5-6　水砂布代号与粒度号数对照

代号（习惯）		180	220	240	280	320	400	500	600
磨料粒度号数	上海	100	120	150	180	220	240	280	320
	天津	120	150	160	180	220	260	—	—

第6章 粘接工程技术的应用实例

6.1 机械工业中的粘接工程

6.1.1 铸造件缺陷修复技术中的粘接工程

铸造件在铸造使用过程中，往往因出现砂眼、气孔、裂纹及疏松层等缺陷而失去使用价值，造成经济损失。然而，应用粘接工程技术对铸造件的这些缺陷进行修复，尤其是对一些大型铸造件缺陷进行修复，可取得满意效果。特别值得一提的是，修复处的强度往往超过被修复件材料本身的强度。

应用粘接工程技术对铸造件进行修复的具体步骤如下。

（1）前处理　先用刮刀等利器将砂眼、气孔及疏松层裂纹等缺陷处的灰砂等疏松的异物清理干净，并随即清除缺陷里外的锈迹和油污。

（2）配胶　选用环氧基胶黏剂，按使用说明书中的配比调配好所需的胶量，再加入 10%～40%（缺陷小、裂纹细时取低限，反之取高限）的铸铁粉（对铸铝件加入铝粉，铝粉和铸铁粉的粒度均需大于 150 目），再次将胶液搅拌均匀。

（3）涂胶　将胶液填补于缺陷处时，应使胶液面略高于缺陷处表面；涂补细裂纹处时，可先将缺陷处加温到 50℃ 左右，再及时涂胶，以便使胶液渗入裂纹深处，起到良好的粘补效果。如果裂纹粘补效果不理想时，便可预先将裂纹开成 V 形槽，再进行粘补。

（4）固化　常温固化 24h 以上，或加温至 50℃ 固化 3～5h。

6.1.2 大型橡胶输送带制造和修复技术中的粘接工程

输送带是工矿企业常用的输送机的重要承载部件。输送带一般为橡胶制品，是由橡胶与纺织丝线或金属丝线复合而成。输送传送带必须具有良好的连接接头才能胜任输送工作。连接输送带接头的方法有机械连接法和粘接连接法。机械连接法用金属钩卡、板卡、铆接、合页等专用连接构件把传输带连接起来。这种连接方法的缺点是连接接头的强度低（一般仅为原输送带拉伸强度的 40% 左右），使用寿命短，接头表面凹凸不平，会严重磨损托辊等部件，运行时会造成较大噪声、震动大、不平稳。由于在输送带上打了孔，就会产生应力差而导致输送带接口部位出现孔隙，造成泄漏现象而浪费被输送物，同时引发不环保、不文明的生产问题。粘接连接有热粘接和冷粘接两种。热粘接法粘接强度较高，但需要加热、加压设备，工艺复杂。冷粘接法不需加热，简单易行，成本较低，是比较受欢迎的方法。

输送带的特种粘接工程技术涉及两个关键问题。其一，必须选择优良的胶黏剂，即有好的粘接强度、柔韧性和抗老化性能。其二，要根据粘接现场和被粘物的实践情况，设计一套合理的粘接工艺。

较合理的粘接工艺如下。

① 选择斜面搭接头形式。

② 设计搭接粘接面积。选择搭接粘接面积的长度为输送带宽带的 1.5 倍（传输带宽假若是 1m，其搭接面积的长度应选择 1.5m）。

③ 加工搭接面。将搭接面加工成两个能完全吻合的斜面，并保证斜面搭接后搭接处正反两个平面与输送带两个基本面能平滑一致。

④ 处理搭接面。用刮、磨的手法将待涂胶搭接的两个斜面进行处理。也可用火焰和浓硫酸溶液刷洗的方法处理待涂胶的表面，以便在有效的粘接面积上提高其粘接强度。

⑤ 涂胶。涂胶的手法和顺序是关键的一步。涂胶时要涂得薄而均匀，要按照粘接操作时粘接顺序的要求依序涂胶，一定要遵照先粘接的地方先涂胶、后粘接的地方后涂胶的原则。

⑥ 晾置。涂胶后在空气中晾置多少时间也是关键技术之一。当用手指触摸，感觉涂胶面似干非干、似黏非黏（有咬感，但又不会提拉出胶丝）时，为最佳粘接时机。

⑦ 粘接。当似黏非黏的时机出现时，将两搭接面迅速粘接起来，并边粘边对粘接面施加压力（可随即槌打），加压固化约 0.5h 即可投入使用。

⑧ 检查。若发现个别未粘接好的地方，可及时钉入小鞋钉进行加强处理。

6.1.3 解决轴承与铸铁基座松动的粘接工程

在机械设备轴承与铸铁基座之间的连接，一般采用过盈配合连接方法。

然而，经多次更换损坏的轴承操作后，过盈配合会逐渐变为松动配合，乃至无法使用。

遇到上述情况时的维修方法有以下两种。其一，采用电镀铬或电镀铜的方法，把轴承的外径增大，再经磨削加工把其外径加工到过盈配合规范尺寸后，实施连接。此方法不仅工艺复杂，修复周期长，成本高，而且由于电镀过程中会不可避免地产生氢脆效应，从而会降低轴承的使用寿命，这样就增加了生产成本。其二，采用更新相嵌铸铁基部件，重新加工成与轴承外径能过盈配合的尺寸后，来达到修复的目的。此种方法无疑也是修复工期长，成本高，会大大增加成本。

采用粘接工程技术，可以克服上述两种方法的不足，达到多、快、好、省的效果。现将进行这项粘接工程设计时的三种基本情况及技术介绍如下。

① 当配合间隙<0.1mm 时，可先将配合面用清洗剂擦洗干净，然后直接用厌氧胶黏剂进行粘接。

② 当配合间隙在 0.1～0.2mm 时，宜先将配合面进行粗化处理并用清洗剂进行处理，再采用 WP01 特种无机胶黏剂进行粘接。

③ 当配合间隙在 0.2～1mm 时，应先将配合面进行粗化处理（用电火花拉毛，或喷砂处理）并用清洗剂清洗待涂胶面，再将 40%左右的纳米补强剂加入胶黏剂搅拌均匀，最后将胶液涂在配合面上进行粘接，为了解决同轴度问题，可采用定位粘接法，尽可能地实施加温（40～60℃）固化。

6.1.4　硬质合金损坏后的粘接维修及制造工程

硬质合金顶尖是机床等机械设备中常用的一种部件。

在 20 世纪 80 年代以前，硬质合金顶尖都是用烧铜焊的方法将其固定在圆锥形的钢柄端头。由于烧铜焊加高温的缘故，硬质合金顶尖经常在制造和使用过程中产生崩裂现象，大大提高了制造成本且影响了使用寿命。采用粘接代替烧铜焊的工艺后，不仅使硬质合金顶尖的使用寿命得到大大提高，而且由于钢柄可以不断地回收使用而大大降低了制造成本，可收到十分明显的综合经济效益。

（1）前处理

① 修理烧铜焊硬质合金顶尖损坏的前处理　先将硬质合金顶尖上的油污清除干净，再将它浸泡在室温的除铜溶液中，直至将铜除尽，硬制合金顶尖便可自动脱落。

除铜溶液配方是：20%～40%铬酸，1%若丁，59%～79%蒸馏水。

② 粘接硬质合金顶尖损坏时的前处理　参照粘接基本工艺进行。

（2）表面处理　将新的硬质合金和钢柄上被粘接表面的油污、锈垢清理干净，最后用清洗剂清洗 2～3 遍。

（3）选胶和配胶　对不需承受高温的硬质合金顶尖，可选用一般的有机胶黏剂，如环氧树脂基胶黏剂。对需承受高温的硬质合金顶尖，应选用耐高温的胶黏剂，如 WP-01 胶黏剂及以氧化铜为基的特种无机胶黏剂。按不同胶黏剂的使用方法配制好所需的胶量。

（4）涂胶与粘接　分别在钢柄孔里和硬质合金顶尖被粘接部位涂满胶液，再将硬质合金顶尖推进到钢柄孔里，并使胶液能流畅地从钢柄孔底部的出气孔中流出，及时将外泄的残胶清理干净。

（5）固化　将硬质合金顶尖垂直（顶尖朝下）放在有 V 形面的固定架上，V 形面与硬质顶尖的 V 形面要完全吻合，以保证硬质合金顶尖与钢柄同轴度。为防止两个 V 形面相互粘连，可在其中间涂上一层防粘油，或隔上一层防粘薄膜（油纸或塑料膜）。若胶液流动性太强，可将硬质合金顶尖与 V 形面的固定架的位置互换。硬质合金刀具的粘接工程技术亦可参照上述步骤进行设计。

6.1.5　防渗碳（氮）热处理工艺中的粘接工程

6.1.5.1　概述

渗碳、渗氮、碳氮共渗以及低温碳氮共渗等化学热处理工艺能明显提高金属材料的表面硬度和耐磨性。然而，这些工艺又会促使金属材料脆性增加，亦导致某些工件局部再加工的难度增加。因此，在工件的机械加工工艺中往往只要求局部表面渗碳、渗氮或碳氮共渗，而其他一些表面则不需要有渗层出现。人们通常采用机械加工切除渗层法、局部镀铜防渗法或烧铜焊法来达到工件局部表面无渗层的要求。以上三种方法成本高、工艺复杂，后来国内外又涌现了"防渗涂料"热，大家期望用防渗涂料作为对工件局部禁渗部位的防渗保护层。

多年的实践证明，防渗涂料法还存在许多缺点，如：防渗效果不稳定；操作烦琐；涂覆时，涂料易发生流挂现象，形状复杂的工件很难涂覆均匀，因此，很难保证防渗质量；涂层不易干燥，如果加温干燥，涂层又容易产生气孔，导致漏渗乃至使产品报废，浪费了能源，提高了生产成本；涂层干燥后，因涂层较脆，在生产流程中，涂层易脱落而导致产品返工率和报废率大幅度上升；防渗处理后，许多涂层不易自行剥落而废工废时；有的涂料价格昂贵，增加了生产成本；有的涂料防渗性能虽然较好，但毒性较大，有公害，会污染环境。鉴于上述种种原因，涂料防渗法一直未被广泛采用。笔者发明的多功能胶纸（又称"热处理保护胶纸"）克服了上述传统防渗技术的缺点，使用起来像贴票一样方便。这种"贴纸法"相比于传统的防渗技术，不仅具有操作简单、使用方便、成本低廉等优点，而且还能解决那些传统技术不能或者不容易解决的技术难题，如较深的内孔、形状复杂的盲孔、零件内部表面禁渗及氢脆等问题。

6.1.5.2　多功能胶纸的特性和主要用途

（1）多功能胶纸的特性

① 耐高温（耐温为 1300℃）；

② 耐老化（930℃±10℃时，防渗性能＞20h）；

③ 弯曲柔度好（≥5）；

④ 无毒、无污染；

⑤ 好保管、易贮存（贮存期大于 10 年）；

⑥ 应用范围广；

⑦ 简单操作，使用方便；

⑧ 成本低，节能。

（2）多功能胶纸的主要用途

① 用于固体、气体、液体渗碳、渗氮及超高温局部渗碳、渗氮等工艺中，解决局部防渗问题。

② 用于热处理工艺中，解决防淬裂问题。

③ 用于耐高温设备，防化学介质腐蚀。

④ 用于金属高温喷涂和竹、木材表面耐（防）火问题。

6.1.5.3　多功能胶纸用于防渗碳（氮）工艺中的特种粘接工程技术

多功能胶纸用于防渗碳（氮）工艺中的特种粘接工程技术，其实质就是根据不同的渗碳（氮）热处理工艺对防渗范围、防渗时间的要求等因素，设计制定一套最佳粘接工艺。

① 了解渗碳（氮）热处理工艺的具体情况。如渗碳工艺方式（一般有固体渗碳、液体渗碳和气体渗碳等方式）、渗碳时间的长短［渗碳时间与要求渗碳层深度（厚度）成正比，即要求渗层越厚，渗碳所需的时间也就越长，一般 1mm 厚度的渗层需要 3～6h 的渗碳时间］、渗碳时的工作温度等情况。

② 了解被粘物（需防渗碳工件）的材质、物化性能、几何形状等情况。

③ 根据上述①与②的情况，设定多功能胶纸的型号及需裁剪的尺寸。

同时，确定与多功能胶纸配套使用的特种胶黏剂（WKT型）的配比值及配胶和涂胶工具。一般选用铁或塑料材质的调胶板或桶。涂胶工具则应根据粘贴胶纸部位面积的大小及其几何形状的要求来设计制作。例如，粘贴面积很小就应该制作较小形状的涂胶工具，反之就应制作较大形状的涂胶工具。此外，当粘贴部位的几何形状为平面时，调胶工具就应该制作成平面形状；当粘贴部位的几何形状为弧形或其他几何形状时，涂胶工具就应该制成类似的几何形状。涂胶工具总的设计原则是：不会与胶黏剂和胶纸发生化学反应；操作简单、使用方便；能有效提高涂胶速度；制作成本低，使用寿命长，而且容易清洗。

④ 将被粘物需防渗部位及四周10mm内的锈、油等有碍于粘接的异物清除干净（尽管可以在油面进行粘接，但是其效果略差于将油清除干净的时候）。

⑤ 按设计的尺寸将多功能胶纸裁剪好。

⑥ 按需要的配比值将WKT胶黏剂调配好。即配比值 R ＝WKT A组分/WKT B组分＝1.5（质量比）。

⑦ 涂胶。把WKT胶液同时分别涂于多功能胶纸有胶的一面和被粘物需防渗部位的表面。胶层要涂满，单边胶层厚度宜控制在3mm左右。

⑧ 粘贴。将多功能胶纸粘贴在被粘物上，并用涂胶工具对准胶面垂直方向做适当的推、挤、压动作。其目的：一是控制胶层厚度；二是排除胶层中的空气泡，避免不完全浸润现象的产生；三是把多余的胶液排泄出来再次使用，进而降低成本。

⑨ 自然固化。若用于固体、液体渗碳工艺中，一定要待胶层彻底固化、变成坚硬状物质时，方可使被粘物进入渗碳工艺中。若用于气体渗碳工艺中，就不一定要待胶层彻底固化，仅需初步固化和基本固化处理后，便可使被粘物进入渗碳工艺中。这样可以缩短工时，节约成本。

⑩ 防渗碳处理工艺。应严格控制防渗碳处理的时间。控制防渗碳时间的主要依据是：渗碳时的温度越高，所需的时间越短；渗层的厚度越厚，所需要的时间越长。具体时间应该用实验的方法来确定。因为时间的确定还与被粘材料的物化性能、渗碳气氛（压力、碳原子浓度等）等因素有关，而这些因素往往又是与其他热处理因素有关联的可变因素。

⑪ 出炉。到达渗碳所需的时间后，将被粘物（渗碳件）取出，自然冷却或直接进入淬火工艺。

⑫ 清理。将已经完成防渗使命的多功能胶纸从被粘物上清理下来（对渗碳后直接进入淬火工艺的渗碳工件，胶层可以自行脱落，基本上不必进行

清理工作)。

⑬ 送检,并进入下一道工序。

6.1.5.4 影响多功能胶纸防渗效果的原因及解决方法

影响多功能胶纸防渗效果的原因大致有如下几个。

① 防渗部位出现漏渗现象。产生的主要原因有三。其一,被粘贴面有较大异物,在粘贴前未清除干净,导致占据胶层空间,甚至刺破了多功能胶纸,影响了防渗效果。解决的办法是:粘贴前,认真清除被粘贴表面上的异物。其二,胶层表面破裂,或者在固化过程中温度过高,使胶层内产生的气泡将胶层表面冲破;或者渗碳工件在保管、运送、装炉、进炉时不慎被其他硬物、利器碰破。解决的办法是:降低固化温度,最好采取低于30℃的室温固化。在保管、运送、装炉、进炉过程中要多加小心,避免工件间互相碰击,更不应该让工装夹具、热处理设备等物件撞、挤被粘物的胶层面。其三,WKT胶黏剂没有按正确的配比值配制,或者未将其A、B组分充分搅拌均匀。

② 防渗部位全部漏渗。产生的原因有二。其一,胶层涂的太薄,解决办法是将胶层涂到应有的厚度。其二,胶层在防渗碳过程中不慎自行脱落,引起的原因可能是未粘牢,或是受到外力的作用,还可能是胶黏剂已进入初步固化阶段,其粘接性能大大下降。解决的办法是粘贴时认真做好粘贴前的表面处理工作及粘接时对胶面的压平、压实工作。在整个操作过程中,要设法避免外力对粘贴面的作用。一定要在胶黏剂可粘接时间内,即进入初固化之前完成粘贴工作。

③ 防渗部位周边全部漏渗。产生的主要原因是胶纸粘贴的面积不够,比实际需防渗的面积小了25%以上。解决的办法是扩大粘贴的面积,即比实际防渗的面积大25%以上。

④ 防渗部位局部边缘漏渗。产生的主要原因是粘贴多功能胶纸时贴单边了;或者贴好后,胶黏剂尚未完全固化前因其他外力作用产生位移,造成了单边现象。解决的办法是:认真操作,按规范把胶纸粘贴到位;同时,在胶黏剂未完全固化前采取防范措施,不让外力作用于胶层。

⑤ 防渗处理后胶层的自动脱落情况不佳。产生的原因大致是:其一,胶层涂的太厚或太薄,解决的办法是根据热处理和渗碳工艺所给定的条件,用模拟实验法获得最佳胶层厚度;其二,冷却速度太慢,解决的办法是更换工件钢种;其三,渗碳工艺中碳势不稳定,解决的办法是严格按照热处理工艺执行全部操作,并认真检查、检验其相关热处理设备、仪器仪表的可靠性

和准确性。

6.1.6　通孔、盲孔防渗碳特种粘接工程技术

6.1.6.1　概述

采用粘接防渗碳胶纸的防渗碳法有明显的优越性。它不仅具有使用简单、质量好、成本低廉、无公害等优点，而且应用"象形模贴法"还能解决镀铜法、烧焊法、涂料法等方法所不能解决或难以解决的一些局部防渗碳问题。如较深的通孔、盲孔、口径特别细小孔的内表面禁渗问题。

采用"象形模贴法"解决通孔、盲孔内表面禁渗问题时，大致步骤如下。

① 做象形模，即用厚度为 0.5～1.0mm 的纸板做成外径比孔略小 2mm 的圆形纸筒。

② 将裁剪好的防渗碳胶纸卷在纸筒上，使胶纸的底面紧贴于纸筒外径面上，胶纸的底胶面朝外，然后，在底胶上均匀地抹上一层 WKT 特种胶黏剂。

③ 在禁渗孔的内表面薄薄地涂上一层 WKT 特种胶黏剂，再将按②中的方法制作好的纸筒（象形模）慢慢地旋入禁渗孔内。

④ 待 WKT 特种胶黏剂进入基本固化状态后，将纸筒（象形模）抽出，下次再用。若纸筒不便抽出也罢，让其随渗碳加温（温度一般达到 930℃±10℃）而化为灰烬。这样便耗费了一个象形模，提高了生产成本。

⑤ "封口穿孔法"是比"象形模贴法"更为先进的一种方法。它具有操作更加方便，成本更加低廉，效果更加良好，清理工作更加简单、容易等优点。

6.1.6.2　"封口穿孔法"特种粘接工程技术的基本工艺

① 裁剪防渗碳胶纸。按照比禁渗孔直径大 6～12mm 的尺寸将防渗碳胶纸剪好。

② 调配 WKT 特种胶黏剂。按配比值（质量比）为 2.5（WKT 胶的 A 组分：WKT 胶的 B 组分＝2.5：1），将胶液调和均匀。

③ 涂胶。将配制好的 WKT 特种胶黏剂沿孔端面边缘均匀地涂上一层胶，在胶纸相应的位置上也涂上一层胶。

④ 粘接。将胶纸中心对准孔的中心，进行封口粘接，即用胶纸把孔端粘接封严，同时，用平面工具向胶纸面垂直的方向进行碾压，排出多余的胶液，确保粘接的严密性及胶层厚度的均匀性。对通孔要将孔两端粘接封严，

对盲孔只需将孔端粘严。

⑤ 初步固化。室温固化 0.5～1h。

⑥ 穿孔处理。对于穿孔，要用大头针分别在两端的胶纸中穿出一个小孔。对于盲孔，则在封端胶纸面不同的位置穿出两个小孔，两个小孔之间的距离一般大于 3mm。

⑦ 完全固化。室温 12h，或者置于 60℃固化 2～3h。

⑧ 检验。认真检验封口质量，发现缺陷及时采取弥补措施。

⑨ 进入渗碳工艺。

6.1.6.3 影响"封口穿孔法"防渗质量的原因及解决方法

（1）没有防渗效果 产生的原因大致如下：①胶纸全部脱落，是未粘牢所致。解决的办法是严格按照粘接工艺的要求将胶纸粘牢固。特别注意表面处理，调配胶黏剂，粘接时的压实、整平手法，固化工艺等环节是否准确到位。②胶纸大面积破裂，或者在热处理操作过程中不慎被外力砸破，解决的办法是避免外力作用于胶纸面上。在渗碳热处理气氛中被"碳势"冲破，解决的办法是工件进炉前，检查胶纸面上穿的通气孔是否通畅，若小孔受阻，应及时疏通，否则胶纸势必被"碳势"气流冲破；另外一个解决办法是多穿一个小孔或扩大小孔的直径（≤1.5mm）。

（2）有局部漏渗疵病 产生的原因大致如下：①胶纸边缘的胶层局部缺胶，造成局部漏气。解决的办法是粘贴胶纸时将胶液涂满、涂厚，压实、碾平胶面时，注意观察胶纸四周边缘是否都有胶液泄出，如果局部未见胶液泄出，说明该处存在缺胶和不完全浸润疵病，应重新涂胶，重新粘贴。另外，工件进炉前，要认真检查胶纸边缘的胶层是否有凹陷处和气孔，一旦发现要及时用胶黏剂补实。②胶纸表面有"小伤口"（小面积被划破）。解决的办法是分析造成"小伤口"的原因，采取防范措施。此外，还可以采用粘贴双层胶纸的办法来提高胶纸面的"免疫力"，抗拒外力作用。

6.1.7 局部防淬火、防淬裂特种粘接工程技术

6.1.7.1 概述

在金属热处理中，往往要求一些工件在不同的部位上具有不同的硬度。为了满足这种需求，通常采用局部淬火、局部化学热处理（如局部渗碳、淬火等）的方法。然而，这些方法只能满足部分需求。例如，上述方法容易满足在同一工件上达到两种不同硬度的要求，却难以满足有多种硬度的要求。

另外，采用局部淬火方法，一般需要进行多次加热的热处理方法，或者需要采用耗电量较大的高频加热方法。这些方法不仅耗能、耗工时，而且产品因多次加热容易产生变形和性变，势必导致"校直"等辅助工作量的大幅度增加，增加了制造成本，甚至造成产品报废。

如果采用化学热处理工艺，不仅生产周期长，耗电较大，生产费用较高，而且还常常满足不了一些特殊的技术要求。例如，低碳钢局部渗碳淬火后，当渗碳区的硬度达到 64HRC 左右时，未渗碳区的硬度一般只有 0～8HRC。当需要提高未渗碳区的硬度时，一般方法是采用低碳合金钢作为局部渗碳钢材。可是，低碳合金钢在 800℃ 淬火时其硬度常可达到 40～49HRC。由于大多数防渗部位需要再次经过机械加工处理，硬度高达 40～49HRC 会给机加工造成较大的困难，不便于再次机械加工。

但是，应用特种粘接工程技术能很好地解决工件的防淬裂问题。

6.1.7.2　防淬火特种粘接工程技术的基本工艺

防淬火特种粘接工程技术的基本工艺有以下三种。

（1）要求防淬火区域硬度达 0～20HRC 时的基本工艺

① 根据防淬火区域的大小裁剪热处理保护胶纸，其面积的大小宜比防淬火区域实际面积大 30％以上。

② 将被粘物防淬火部位的表面有碍于粘接的物质（如油、水、锈垢等）清洗干净。

③ 将 WKT 特种胶黏剂配制好。

④ 分别在热处理保护胶纸有胶的一面和被粘物需淬火的部位上涂 WKT 胶黏剂。

⑤ 用 WKT 特种胶黏剂把硅酸铝纤维（厚 10～15mm，厚度越大防淬火效果越好）粘贴在需要防淬火的部件上。再把涂有 WKT 胶的热处理保护胶纸紧紧粘在硅酸铝纤维毡上。

⑥ 用 WKT 特种胶黏剂涂封开口、接头处。

⑦ 用 WKT 特种胶黏剂的 B 组分胶液涂刷在热处理保护胶纸表面，进行全封闭粘接处理。

⑧ 室温固化 1h 便可进行淬火工艺。

（2）要求淬火区域硬度达 20～35HRC 时的基本工艺

① 同方法（1）之①。

② 同方法（1）之②。

③ 同方法（1）之③。

④ 用硅酸铝纤维毡（厚 10～15mm，厚度越大防淬火效果越好）干贴在被粘物需要防淬火的部位上。

⑤ 用涂有 WKT 特种胶黏剂的热处理保护胶纸，包粘在硅酸铝纤维毡上。

⑥ 同方法（1）之⑥。

⑦ 同方法（1）之⑦。

⑧ 同方法（1）之⑧。

（3）要求防淬火区域硬度达 35～55HRC 时的基本工艺

① 同方法（1）之①。

② 同方法（1）之②。

③ 同方法（1）之③。

④ 同方法（1）之④。

⑤ 将热处理保护胶纸粘贴在被粘物需要防淬火部位的表面上，并根据防淬火的要求将胶层厚度控制在 0.5～5mm。胶层厚度在 5mm 以内，其厚度与防淬火效果是成比例的。胶层越厚，所获得 HRC 值越小；胶层越薄，所获得 HRC 值越大。

6.1.7.3 防淬裂特种粘接工程技术的基本工艺

防淬裂特种粘接工程技术的基本工艺如下。

① 准确地找到工件（被粘物）易淬裂的部位。

② 按易淬裂部位的需要裁剪好热处理保护胶纸。其宽度约 10mm，其长度比裂纹的实际长度长 20mm，即比裂纹各端长 10mm。

③ 将易淬裂部位及四周 15mm 范围内有碍于粘接的异物（如油、水、锈垢等）清除干净。

④ 配制好 WKT 特种胶黏剂。

⑤ 分别在热处理保护胶纸有胶的一面及被粘物易淬裂部位的表面涂上一层 WKT 胶，胶层厚度分别约为 2mm。

⑥ 将热处理保护胶纸粘贴在易淬裂部位，及时用垂直于胶面的压碾力将胶纸面平整，并控制胶层厚度为 1.5mm 左右。此外，要保证胶纸的端边距裂纹端点至少有 10mm。

⑦ 及时清理压碾多余的胶液。

⑧ 室温固化 1h 以上。

⑨ 检验粘贴质量，发现缺陷要及时修补。

⑩ 进入淬火工艺。

⑪淬火处理后，胶层基本上自行脱落，若黏附有残余胶质，可用利器刮除或进行喷砂处理。

6.1.7.4 影响防淬火质量的因素及解决办法

影响防淬火质量的因素大致有如下几种。

① 达到理想的防淬火要求，即 HRC 值偏高或偏低。产生的原因如下。其一，没有选择好对路的防淬火工艺；解决的办法是认真选择防淬火工艺，并且真正落实每个操作环节。其二，胶层厚度不均匀，或者胶纸的局部已划破；解决的办法是进行压碾操作时用力均匀，要保证胶层厚度的均匀性。在固化和热处理过程中，要防止外力将胶纸划（撞）破。

② 没有取得防淬火效果。所粘贴的防淬火保护层已松动，或者全部与被粘物松动。解决的办法是：找到产生松动和松脱的原因（粘接时操作不当，或者在固化和热处理过程中外力作用所致），采取相应的措施，确保淬火工艺过程中，防淬火保护层与被粘物粘接牢固。

6.1.7.5 影响防淬裂质量的因素及解决办法

影响防淬裂质量的因素大致有如下几种。

（1）整体未达到防淬裂效果 产生的原因主要是防淬火保护层与被粘物出现松脱现象。解决的办法是找到产生松脱的真正原因，采取相应的纠正办法。一般有三种原因：被粘物表面处理不彻底；粘接时压碾操作手法不到位；在固化或热处理工艺完成过程中，受到外力作用。

（2）局部未达到防淬裂效果 产生的原因有三。其一，防淬裂保护层局部产生松动，解决的办法是严格按照粘接工艺执行各个操作步骤。其二，防淬裂保护层的胶层出现凹陷或空洞，解决的办法是在被粘物进入淬火工艺前，认真检查粘贴质量，若发现凹陷处就及时用胶填补。若发现胶层有空洞处，就先用利器将空洞处的胶纸面刺（划）破，然后用胶填充其中，最后用胶将热处理保护胶纸重复粘贴于空洞上。其三，防淬裂保护层没有贴到正确的防淬裂位置上。如果是因人为操作不当而造成的，就应该纠正操作方法。如果是因在固化或热处理过程中受外力作用而导致位移，那就谨镇行事，严防外力的破坏作用。

6.1.8 大型剪板机哈虎部件断裂后的粘接修理

大型剪板机可在 2s 内将 8mm 厚的钢板迅速剪断。巨大的剪切力依靠哈虎部件带动 40mm 粗的联动轴传动。哈虎部件靠 4 个 $\phi25mm$ 的螺钉固定于机身主件上。超运载或哈虎部件铸造时产生的缺陷造成疲劳断裂事故时有发生。用焊接法修理无济于事，因为在该部件产生的焊接力远远达不到实际所需的大于 98MPa 的剪切力。按翻砂铸造再机械加工的传统修理方法不仅要耗费 20 天左右时间，而且还要耗费大量的人力、物力、电力。然而，用粘接工程修理技术仅需 5h 和不足百元的材料成本，很快就能解决这个修理难题，经剪裁 40 多万次的考验，粘接工程修理技术十分可靠。

下面介绍设计的工艺步骤。

（1）前处理

① 将哈虎断口对茬复合，发现永久变形突出的、影响吻合的铁瘤子，及时用錾刀将其剔除。

② 用清洗剂将断口清洗干净。晾干后立即用 502 胶把两个断裂件黏合、压紧。

③ 在与断裂纹相垂直的方向画波浪键的型槽位置图，并按图加工好波浪键槽和与其相匹配的 8 个 8 字形金属波浪键（用 3mm 厚的 1Cr18Ni9Ti 不锈钢板），并及时用清洗剂清洗干净。

④ 用热肥皂液蒸煮哈虎的粘接处，使 502 胶失效，而让断裂口重新断开。再用汽油喷灯焰将断面上的 502 胶化为灰烬，然后用钢丝刷刷擦断面，直至露出新的底金属的光泽，最后用清洗剂将断面清洗干净。

（2）选胶和配胶　选择经久耐用的 WP-01 胶黏剂，配制好所需要的胶量。

（3）涂胶和粘接　将胶液同时涂覆在所有的被粘接表面上（可由 3～5 人同时进行涂胶操作），然后及时将断件黏合在机件上（见图 6-1），再将 8 个 8 字形波浪键逐个扣入键槽内，每个键槽内加入 2 个 8 字键，及时清除外泄的残胶。

（4）固化　用 4 个 1000W 的红外线灯泡的光束对粘接面进行加温固化，即 0.5h 内升温至 40℃，再逐渐升温至 90℃，保持 2h 后，便可逐渐降温至室温。

（5）表面处理　先用 0 号砂布把哈虎被粘接表面打磨干净，再用草绿色醇酸涂料把粘接修理处的表

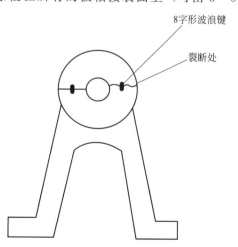

图 6-1　将断件黏合在机件上

面全部刷涂两遍，使其外观与机身外观基本上色泽一致，连 8 字键的外形全部遮盖住，几乎看不出粘接修理后的痕迹。

6.2 航天、航空领域的粘接工程

6.2.1 概述

目前世界上用胶黏剂粘接零部件的飞机就有 100 种以上，其中包括轰炸机、战斗机、水上飞机、运输机、直升机、客机等各种类型。英国的"大黄蜂"飞机其粘接面积占总面积的 85% 左右。

有关资料表明，在制造飞机时采用以粘代铆的技术，不仅使飞机的重量降低了 25%～30%，而且飞机飞行时的空气阻力也大大减少，从而可提高飞行速度，延长飞机使用寿命。一架 C-5A 轰炸机的胶黏剂用量达 1800kg。

许多飞机的尾翼、散热装置、表层蒙皮结构、飞机旋翼结构等都使用了粘接结构，主要是采用了无孔（或有孔）蜂窝夹层结构，这种结构是应用胶黏剂和粘接技术制成的。这种结构非常轻，但它的强度非常高，与同样重量的板材相比，它的强度是钢板的 16 倍、铝板的 10 倍。这种结构性能优良，在飞机工业中经受了长期的考验，在其他领域中应用也日益增加，如现在用来制作轻质墙体板，屋面保温、隔热、隔声板等都取得了明显的效果。值得指出的是，由于这种结构较复杂，其组合件材质较薄，而易变形，有的还需用金属材料来制造，因此，不能采用焊接，目前只有依靠粘接来完成其组合工程。因此这种结构也叫粘接蜂窝结构。

当超声速两倍半的飞机试飞时，铆接结构力不胜任，连连发生断裂事故，后来还是用粘接来代替铆接，才完成了连接使命，创造了不断、不裂的奇迹。

1979 年美国有三位工程师向全世界宣称，第一架不用一个铆钉的飞机将要飞上天空，不久，全部用粘接代替铆接结构的飞机果真腾空而起，揭开了粘接应用史的新篇章。

在宇航工业中，火箭、宇宙飞行装置都要应用胶黏剂和粘接技术。

粘接蜂窝夹层结构在航天器上有着广泛的应用前景。它可用于卫星的壳体结构，它既是卫星壳体，又是最佳状态的太阳能电池方阵的基板。

粘接蜂窝夹层结构在运载火箭的整流罩、卫星支架、仪器舱等方面，也有广泛而有效的应用。用作运载火箭整流罩的粘接蜂窝夹层结构，除需能承受几十吨的轴向压力外，还需能承受高达 150～200℃ 的高温。而用作液氢、液氧贮箱绝热共底的粘接蜂窝夹层结构，除能承受相当高的内压和外压载荷外，还要经受超低温（-253℃）的考验。

宇宙飞船中承担各种耐热材料的连接均采用无机胶黏剂。这些装置的表面温度可达1900℃，个别点温度达2200℃，甚至短时间达到9900℃。

环氧酚醛胶黏剂同样可用于过渡船的制造上，该船用来连接阿波罗勤务船和登月型土星启动舱。该舱为三层包皮的锥形，结构由8块主要壁板制成，形成密封的掩体，长为8.5m。部件应在156～177℃温度下工作，短时在局部位置过热到260℃。

美国"哥伦比亚号"航天飞机返回地面时防热用的陶瓷瓦能耐1200℃以上的高温。整个机身的防热面约由3万块防热瓦覆盖着，这种防热瓦用室温固化硅橡胶胶黏剂贴到应变隔离垫上，这种连接方式使机身的变形大部分被应变隔离垫吸收，脆弱的防热瓦则只受很小的变形。

美国的科学家曾经指出，如果能使宇航器减轻1kg的质量，将可省3万美元的成本。可见质量轻的粘接蜂窝夹层结构在宇航器工业中占有多么重要的位置，胶黏剂及粘接技术在航天、航空领域粘接工程中的应用前景是多么宽阔。

6.2.2 B-58"盗贼"轰炸机铝蒙皮蜂窝板损坏后的粘接工程修理技术

一架B-58盗贼轰炸机约用到300kg的胶黏剂，其结构主要是铝蒙皮蜂窝件。由于长期飞行的疲劳作用，粘接处往往会发生损坏（主要是产生裂纹），用粘接工程技术修理这些损坏处时，基本工艺如下。

① 仔细检查损坏情况和损坏原因。如果是因疲劳在局部产生较短、较少的微裂纹（裂纹宽度小于0.2mm），尚有修理价值。如果微裂纹均匀密布，覆盖面较大，表明构件整体老化，基本上无粘接修理的必要，应整体拆换部件。如果是因外应力造成塑性变形而导致的较长、较宽的裂纹，修理起来要慎重，要把与裂损处相关部位的情况分析清楚后，在能够确保安全飞行的情况下再定夺修理方案。

② 要选择剥离强度高、耐高温性好的胶黏剂。与金属粘接处可选用丁腈-酚醛胶黏剂。对铝蒙皮蜂窝件可选用环氧-丁腈胶黏剂。

③ 用利器将裂纹划成V形槽，V形槽宜深不宜宽，V形口端宽度一般为0.5～0.8mm。

④ 用超级清洗剂将裂纹处彻底清洗干净。

⑤ 用远红外线光束对裂纹处进行光照加温处理。加温时光束离裂纹处的距离先控制在500mm左右，然后根据所选用的胶黏剂及粘接修理环境的

许可条件，将光照的光距逐渐缩短，并锁定在最佳光距的位置。

⑥ 对胶黏剂加温处理，并使其与被粘物达到温度平衡。再按胶黏剂的使用要求施胶粘接。必要时及时施予一定的固化压力。

⑦ 加温至胶黏剂完全固化。

⑧ 将光距逐渐调大，使被粘物渐渐冷却至室温，最后撤离加温装置。

⑨ 仔细检查粘接修理处是否有缺陷，如气孔、表面不平整等，并及时采取修理弥补措施。

⑩ 对于较大的损坏处，可以考虑用粘贴碳纤维的方法进行修理。

6.2.3　波音 747 飞机排气管喷管接头漏气的粘接工程修理技术

波音 747 飞机排气管接头是比较耐热的部件，此部位一旦产生漏气就要快速进行粘接修理，基本工艺如下。

① 将漏气部位原来的残胶渣除掉，并及时将粘接修理处清洗干净。

② 选用比较耐温的有机硅密封胶。

③ 根据密封处对胶层强度和硬度的要求配胶。

要求强度和硬度较大时，可按 A 组分：B 组分＝（1.5～2）：1 配胶；要求强度和硬度小时，可按 A 组分：B 组分＝1：（1.5～2）配胶。

配胶时，要先将胶液充分搅拌均匀，让胶中的气泡排尽方可施胶。

④ 室温固化，待全部凝胶后便可使用。若想缩短修理时间，可采取加温固化工艺，用光照处理 1～2h 即可，光照温度宜控制在 60℃ 左右。

6.2.4　水上飞机机身船形底部渗漏水的粘接工程修理技术

基本工艺如下。

① 根据船底渗漏处的需要制作一块铝合金板（厚度取 2.5～5mm），板的周边均需打磨成弧形。并在涂胶粘接前 3h 进行铬酸阳极化处理。

② 在制作铝合金板的同时，将渗漏处用水磨砂纸在有水湿润的情况下进行打磨处理。打磨时采用交叉打磨法，使将要涂胶的被粘接表面出现明显的交叉磨纹。

③ 用超级清洗剂将打磨处清洗干净。

④ 选用丁腈-酚醛胶黏剂（一般以胶膜和胶液两种形式供应，胶液也称为底胶，由 A、B、C 三种组分组成），先将其底胶按质量比 A：B：C＝1：4：0.1 充分调和均匀，然后将底胶均匀地涂刷在铝板和船底渗漏处上，室温露置约 10min。

⑤ 将胶膜粘贴在已涂好底胶的渗漏处，接着用涂了底胶的铝合金板复叠在胶膜之上，使底胶与胶膜完全吻合。

⑥ 及时加压（0.4MPa）、加温（170℃）固化处理 2h 后，逐步降温至室温，卸除固化压力，即可投入使用。

6.2.5　航天、航空飞行器中蜂窝结构壁板破损部位的粘接工程修理技术

铝蜂窝结构壁板是由六角形的铝蜂窝芯和合金蒙皮粘接在一起组成的。这种壁板不仅质量轻，而且能承受很大的负荷，常用来作飞机、火箭、导弹等飞行器的主翼、垂翼、尾翼、襟翼、副翼、翼尖、中外翼等。由于"疲劳"和意外外力的作用，铝蜂窝结构壁板难免遭到破损，用以下粘接工程修理技术可收到很好的效果。

① 首先检查壁板破损部位的实际情况。如果是表面铝合金蒙皮局部裂损，就应根据裂损部位不规则的几何形状（若属微裂纹，可参考 6.2.2 中所介绍的办法进行修理），加工成比较规则（圆形或椭圆形）的几何形状，同时配制一块与之相吻合的铝合金蒙皮，两者的结合面应加工成 30°～45°的斜搭接面。如果铝合金蒙皮与铝蜂窝芯都遭受损坏，则宜先在铝蜂窝芯损坏部位按其六角形规整的边缘将损坏部位切除取出，并将留在基体上残余的胶层刮净，再按以上方法配制铝合金蒙皮。

② 用清洗剂将待涂胶粘接修理部位的表面全部清洗干净。

③ 选择与制造铝蜂窝结构壁板所用的胶黏剂相同的胶黏剂（一般为改性环氧胶黏剂、丁腈-酚醛胶黏剂等），然后按照该胶黏剂使用工艺的要求进行配胶、施胶、粘接及固化处理。

④ 认真检验粘接质量。主要包含三方面的内容：其一，检验粘接修理部位的外形是否符合图纸和技术条件的要求（如粗糙度、平整度、流线形等）；其二，检验是否符合装配要求；其三，用声阻探伤仪对粘接质量进行无损检测，若发现质量问题应查找原因，并及时纠正。

6.2.6　飞机上酒精箱破裂处的粘接工程修理技术

飞机上的酒精箱由玻璃钢制成，是选用不同规格的无碱玻璃纤维布和环氧树脂（一般选用 E-51 环氧树脂）为基的胶黏剂粘接成型的。

飞机上的酒精箱因疲劳、原材料疵病、内外应力作用等原因，不免产生裂漏等损坏情况，可以参考前面介绍的粘接修理方法进行修理。

飞机用玻璃钢酒精箱经粘接修理后要经过耐腐蚀、耐气密、耐振动疲

劳、质量、容重、着色力等性能试验，检测合格，方可装机使用。

6.2.7　飞机专用电瓶箱裂漏处的粘接工程修理技术

飞机专用电瓶由环氧玻璃钢制成。电瓶壁产生裂纹后会造成渗漏现象，可用粘接工程修理技术修复，基本工艺如下。

① 先将电瓶液取出，用水将电瓶冲洗干净，再将电瓶表面的水分烤干。

② 顺着裂纹自然延展方向，将裂纹开成 V 形槽状，V 形槽端面宽度一般为深度的 1/3～1/5。当裂纹非常细小（裂纹宽度小于 0.1mm）时，可在电瓶壁的单面开 V 形槽（一般应在其外壁开 V 形槽）；当裂纹比较大（裂纹宽度大于 0.1mm）时，宜在电瓶壁内、外侧同时开 V 形槽。

③ 用超级清洗剂将 V 形槽表面清洗干净。

④ 按以下配方和顺序配好胶黏剂（质量比）。即环氧树脂（E-51 型）100 份，邻苯二甲酸二丁酯 13 份，二乙烯三胺 10 份，纳米补强剂 10～50 份（粘补细裂纹时取下限，粘补粗裂纹时取上限）。

⑤ 用红外光将 V 形槽加温至 50℃左右，撤离光源，随后用胶黏剂把 V 形槽填平（略高于电瓶壁的表面）。

⑥ 室温固化（静置）72h，待胶黏剂彻底固化后即可投入使用。

6.2.8　飞机专用橡胶管裂漏处的粘接工程修理技术

飞机专用橡胶管产生裂漏后，可采用粘接工程修理技术进行修复，具体操作如下。

① 将橡胶管裂漏处擦干净，并及时把被粘接表面打磨粗糙。

② 选择一块耐化学介质较好的橡胶皮（最好选择与该橡胶管同质量的橡胶皮），按粘接部件的需要裁剪好，并将其涂胶面打磨粗糙。

③ 选择一种优质的胶黏剂（接枝氯丁胶等），充分搅拌均匀后即可使用。

④ 同时在两个被粘接表面涂上一层薄薄的胶黏剂，露置 15min 后再刷涂第二遍。

⑤ 待第二遍胶面出现似黏非黏（即似干非干）时，立即将粘接面黏合（最先涂胶处应先黏合），并及时加压处理（锤击或机夹施压）。

⑥ 室温固化 10h，或在 8atm（latm＝101325Pa）蒸汽压力作用下固化 30mim 使胶液彻底固化。

⑦ 将粘接修理好的橡胶浸泡于煤油中，24h后若无膨胀增大现象，视为粘接修理质量合格，方可投入使用。

6.2.9 飞机雷达罩裂损后的粘接工程修理技术

飞机雷达罩是用玻璃布蜂窝与玻璃钢蒙皮黏合而成，裂损后完全可以用粘接工程修理技术进行修复，关键是要选择理想的胶黏剂品种。现将该胶黏剂的配制工艺及固化条件介绍如下。

① 将18份邻苯二甲酸二丁酯加入100份环氧树脂（E-51型）中，并充分搅拌均匀。

② 将20～40份纳米补强剂加入①中，并充分搅拌均匀。

③ 将16份间苯二胺加入②中，并充分搅拌均匀后，即可涂胶。

④ 涂胶后室温晾置10～15min，便可粘接。

⑤ 加热至150～160℃，保持1～2h，胶黏剂完全固化后，飞机雷达罩便可投入使用。

6.3 农业、水利领域中的粘接工程

6.3.1 概述

粘接工程技术在农业、水利领域中也有广泛的应用，主要有以下几方面。

① 建造和修理塑料大棚。

② 果树嫁接：以粘代捆扎、代泥封；防虫增收封口胶的应用，省工、省时、效益高。

③ 栽培技术：种子包衣剂关键是特种胶黏剂；农药化肥缓释剂主要是胶黏剂；树根树干长了虫，用胶粘住把病除。

④ 牛、马、骡的蹄子开裂，可用胶黏剂黏合。

⑤ 颗粒肥、促长剂、灭害灵、包衣精，样样离不开胶黏剂。

⑥ 开山路，修水利。

6.3.2 农用塑料薄膜破裂时的粘接工程修复技术

常用的农用塑料薄膜一般有两种：聚乙烯薄膜和聚氯乙烯薄膜。前者比较轻，价格较便宜；后者强度大，韧性、保温性较好，较经久耐用。不管怎样，这两种塑料薄膜在使用过程中常常会破裂，也常常要以小拼大，为此只

有依靠粘接工程技术进行修复。

粘接修复前，首先要区别是聚乙烯薄膜还是聚氯乙烯薄膜，方可正确地选用胶黏剂来进行修理。因为聚乙烯的分子结构较致密，其表面惰性也较大，所用的胶黏剂也比较特殊。

区别这两种薄膜的方法较简单，可根据以下现象做出判断。

① 聚氯乙烯薄膜的相对密度大于1，将其放在水里时，会下沉；而聚乙烯薄膜的相对密度小于1，将其放在水里时，会浮在水面上。

② 聚氯乙烯薄膜手感粗硬，不易燃烧，在燃烧时，有刺鼻的氯化氢臭味；而聚乙烯薄膜手感滑润，好像触摸到蜡一样，透明度好，易燃烧，在燃烧时火焰呈黄色。

粘接与修补这些塑料薄膜时，工艺比较简单，类似打补丁一样，先裁剪好所需要粘补的薄膜料，用毛笔（刷）蘸取胶液边涂边黏合，边粘边用手指或塑料滚轮撖压黏合面，顺序而进，直至全部粘补完，再在粘接边缘各接缝处涂上一层胶液，待晾干后便可使用。

6.3.3 喷雾器外壳局部穿孔时的粘接工程修理技术

制造喷雾器外壳的材料有铁皮、玻璃钢和塑料（一般是聚氯乙烯树脂），往往因腐蚀、磨损、不可测的外应力，致使局部产生穿孔而不能使用。下面介绍这些"外壳"局部穿孔时粘接修理技术的步骤。

（1）前处理　用钢丝刷或废钢锯条等利器把穿孔部位四周表面的装饰涂料层及锈垢刮磨干净，并使之粗化。

（2）选胶与粘接　对铁皮和玻璃钢外壳穿孔，可选用聚氨酯类胶或环氧类胶。按产品说明书配制好胶黏剂后，将其涂刮在穿孔部位的表面，及时粘贴上一层玻璃纤维布，由里到外，由小到大，由细纹到粗纹，共粘贴三层，各层的纹路宜互相交叉成 45°。

对塑料外壳穿孔，可选用聚醋酸乙烯酯胶，把裁剪好的聚醋酸乙烯酯胶粘贴在穿孔部位即可。也可用热熔胶把聚醋酸乙烯酯胶粘贴于穿孔部位。使用热熔胶时，可选用热熔胶胶枪或电烙铁实施布胶。

（3）固化　室温固化时间应大于24h。

（4）后处理　先用1号铁砂布将粘补部位打磨粗糙，再刷（喷）涂上与喷雾器外壳色彩一致的防腐装饰涂料，使其更耐用和美观。

6.3.4 氨水袋出水管开裂时的粘接工程修理技术

氨水袋是橡胶制品，在使用过程中，其出水管由于需经常折弯，容易出现开裂，用粘接工程修理技术可很快地将其修复。基本步骤如下。

（1）前处理

① 在出水管内插入一根粗细较合适（能自由滑动）的圆木棒（或竹竿），使出水管开裂处能呈圆形，圆木棒的中部基本上处于出水管开裂缝上，这样便于打磨和粘接的操作。

② 裁剪一块旧氨水袋胶皮作补丁，补丁的长度要比出水管的周长长10mm，补丁的宽度应大于20mm。

③ 用木锉（或砂轮、砂布）把开裂处和"补丁"的被粘接表面打磨粗糙，并把"补丁"两端接缝的搭接面锉成斜坡面，掸去锉屑。

（2）选胶与配胶　一般选用接枝氯丁橡胶胶黏剂或环保SBS改性万能胶，在使用前加入3%～5%催化剂（列克那，也称固化剂），充分搅拌均匀即可。

（3）涂胶与粘接　在被粘接面均匀地涂刷上一层薄薄的胶液，并反复用力来回拖刷几遍，使胶液充分浸润被粘接表面。晾置5～10min后，再涂刷一层薄薄的胶液，此时只要求一次性刷过，千万不要反复来回拖刷，待胶液呈似干非干、似黏非黏时，及时地按涂胶的先后顺序把"补丁"粘补在出水管的开裂处，并进行压合，使两个粘接面能完全紧密地吻合。特别是在补丁的接头处，要用力压紧其搭接面，可用布条或绳丝捆扎。

（4）固化　常温固化1h后便可使用，20h后粘补处可达最高强度。

（5）后处理　先拆去捆扎物，再取出圆木棒，检验一下粘接面是否有未粘严实之处，若发现脱胶现象可及时涂胶重新粘接。

6.3.5　柴油机曲轴滚键损坏的粘接工程修理技术

柴油机曲轴在运行过程中，由于轴头螺钉的松动，在大飞轮转动作用下，使曲轴的键槽两边造成磨损。采用粘接与螺钉连接的复合修理法可以解决此项修理问题，步骤如下。

（1）前处理　先用扁铲刀将曲轴损坏部位均匀地剔去5mm深的一层，再用废旧的汽车弓子钢板加热后锻打成半圆形，用锯、锉、磨等加工手段，使之能与曲轴所剔除的部位吻合，形成一新轴头。然后，用1号铁砂布打磨掉所有的锈迹，再用清洗剂将被粘接表面清洗干净。

（2）配胶与粘接　按环氧树脂（E_{44}）：聚酰胺（650型）：还原铁粉（>200目）=1:1:0.25的配比调制好所需的胶黏剂，而后将胶液均匀地涂抹在新轴头与曲轴的吻合面（即被粘接面）上，将两者对合后，做适当挤压即可，随之将外泄的残胶清理掉。

（3）固化　室温固化时间应大于 24h。用汽油喷灯焰加热至 100℃ 左右，仅需 20～30min 便可快速固化。

（4）后处理　在新轴头与曲轴相粘接吻合面等对称的部位打孔、攻丝，用直径 10mm 并经清洁处理过的螺钉涂胶后拧进螺孔内，待胶黏剂完全固化后，再进行加工整形处理，使曲轴面与飞轮锥孔面正好吻合。最后在新轴头相对应的位置上开一个新的键槽，即可重新组装使用。

6.3.6　手扶拖拉机曲辊滚键损伤后的粘接工程修理技术

采用粘接工程修理技术，能合理地、经济地解决曲轴滚键较小面积的损伤问题，具体步骤如下。

（1）前处理

① 先按原有键槽的规格加工一个木键，该木键应高出键槽面约 10mm，在木键表面用力擦涂上一层石蜡。

② 用汽油喷灯焰将曲轴滚键损伤部位的油污喷烧干净，再用干净的钢丝刷刷擦其表面，最后用清洗剂擦洗数遍。

③ 在损伤部位打上 5 个孔（如图 6-2 所示），并加工能配 M5 螺钉的螺孔，将螺孔和螺钉都清洗干净、晾干。

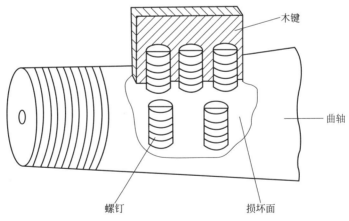

图 6-2　损伤部位打孔

（2）配胶与粘接　可按万能胶∶纳米补强剂＝3∶2 的配方配胶。把预制的木键放在原来的键槽上，将 5 个螺钉蘸上未加补强剂的胶液后拧入螺孔中，再将胶黏剂填补在被粘补的损伤处，要补牢、按实，不要将气泡封闭在胶层里面，并使胶层高于原曲面表面。

（3）固化　室温固化时间应大于24h，也可用喷灯焰加热待胶面基本没有手感时，再自然固化8h。

（4）后处理　取出木键，锯去高出轴面表面的螺钉，再用钢板锉锉平。然后用0号铁砂布打磨，再装配到飞轮孔中进行研磨处理，待完全吻合，便可重新组装投入使用。

6.3.7　江河水库坝体裂漏的粘接工程修理技术

江河水库坝体有土堤坝和水泥堤坝之分。应用粘接工程技术进行处理时，必须结合堤坝的性能、环境、水质等情况设计合理的施工工艺，才能取得最佳的粘接堵漏效果。下面介绍在堤坝深处，即在深水下进行快速粘接堵漏新工艺。

（1）粘堵前的准备工作　请潜水员摸清深水处堤坝的裂漏情况，包括其水位、裂漏处的几何形状、裂漏面积的大小及四周是否有障碍物等。

按照在水下实施粘堵操作的工序和手法，训练潜水员（一个或一批）的操作技能，并反复演习。

（2）制备粘堵材料　用耐水性和耐久性较好的编织材料（如陶瓷布、聚乙烯编织布等）制成长方形的袋子，袋内装上适量的防水堵漏胶粉（又称多功能粉）。切记不要装得太满，要保证防水堵漏胶粉在袋内能自由流变。此外，袋口一定要粘缝严实、牢靠。袋子的规格应根据裂漏处的实际需要来定，其原则是能方便插入填塞裂漏处，方便潜水员携带，方便在水下装运卸载。

（3）粘接堵漏　在堵漏袋表面涂刷一层均匀的水下固化胶黏剂，由潜水员携带水下，插入、堵塞于水库的裂漏处，裂漏即止。如果仍有渗漏现象，可继续用叠堆法将数袋堵漏袋（其表面可以不涂防水胶）层层叠叠、严严密密地堆积在裂漏处，即可滴水不漏。此后，可在与水库堤坝裂漏处相对应的堤坝外侧进行粘接加固堤坝的防漏处理。

6.3.8　江河水库堤坝出现漏洞、管涌的粘接工程修理技术

"细微苟不慎，堤溃自蚁穴"，可想而知，鼠洞、管涌洞对千里之堤的危害，更是应该重视，设法对付。其粘接修理步骤如下。

① 将发泡聚氨酯胶黏剂快速地注入鼠洞和管涌中，一定要灌足、填满。

② 用灌注枪将粘接堵漏胶泥或胶粉，灌注于鼠洞和管涌洞的盲洞内，一定要满足填满。

③ 对于鼠洞和管涌洞的通洞，可先用软的织物袋（如布袋、化纤编织袋、丝光长筒袜等）装上适量的粘接堵漏材料（胶泥或胶粉）后，将其填塞于上述通洞中，使之变为盲洞，然后再实施②的操作。

④ 完成上述粘接堵漏工作后，再在鼠洞、管涌洞的洞口上，用水泥砂浆或环氧胶泥封死、封严口洞，也可将岩石块粘封堵其上。

6.4 电子信息工程中的粘接工程

6.4.1 概述

在电子、电气领域中应用的胶黏剂品种繁多，小到微电路定位，大到大电机线圈的粘接，从导电到绝缘，从减振到密封，处处都有粘接修理的用武之地。

6.4.2 雷达天线（环氧层压件）与金属构架连接处松动时的粘接工程修理技术

（1）前处理　用利器将松动处的锈垢、脏物铲刮掉，待露出金属光泽，用"皮老虎"（一种手动吹急风工具）将悬浮物吹净，并及时使用清洗剂把被粘接处洗干净、晾干。

（2）选胶与配胶　选用环氧树脂胶黏剂，或按以下配方配胶：环氧树脂（E_{44}）：邻苯二甲酸二丁酯：补强剂：T_{31} 固化剂＝100：8：5：30。

（3）涂胶与粘接　把胶液涂覆在天线基件与金属构架的连接处，使两者压合后有多余的胶液溢出，及时将残胶清理掉，此后，在胶黏剂彻底固化前，千万不要移动天线基件。

（4）固化　室温固化24h后，可达理想的粘接修复强度。

6.4.3 电路元件与基板相接处松动时的粘接工程修理技术

电路元件与基板相连接时，往往采用焊接、铆接、螺纹连接等传统的连接工艺，其相互连接处由于种种原因时而产生松动现象，若不及时固定牢靠，容易引发种种事故。采用粘接工程修理技术是简单易行而又立竿见影的修理技术。可按以下步骤进行。

（1）前处理　用洗耳球将松动处的异物、尘埃吹净，再用无水乙醇或清洗剂将松动处及四周擦洗干净、晾干。

（2）选胶与粘接　一般选用快干胶，如 502（俗称三秒胶）、厌氧胶（GY-340）、红白胶（双组分丙烯酸胶）、透明环氧快干胶等。将胶液滴于松动处，及时压紧电路元件于基板上，待胶黏剂固化后再撤去压力。

6.4.4　电冰箱蒸发器进、出气管断裂后的粘接工程修理技术

电冰箱蒸发器进、出气管一端为紫铜管，另一端为铝管。在两管接头处常常容易漏气或断裂。金属铜和铝的熔点不同，焊接修理难度较大，成本较高，而采用粘接工程技术修理，比较节省，密封效果更好。工艺路线如下。

（1）前处理　加工一根约 20mm 长的铜管套，其内径应比电冰箱蒸发器进、出气管的外径大 0.007mm 左右。

用 1 号砂布把进、出气管的两个断裂端头轻轻打磨数遍，使其露出新的金属光泽。打磨的处长度约 10mm。随后用清洗剂清洗被打磨表面。

（2）选胶和配胶　选用 3 号万能胶，按 A 组分：B 组分＝1：1 的配比配制好所需的胶量。

（3）涂胶与粘接　先将胶液涂抹在铜套管内孔和蒸发器铜、铝端头的外径表面，再将铜套管套入蒸发器的铜、铝管接头处，并及时清理外泄的余胶。

（4）固化　室温自然固化。

6.5　轻工、纺织领域的粘接工程

6.5.1　概述

家用电器、摩托车、鞋帽衣料和玩具，还有数不胜数的纺织品，其数量较大，应用之广不言而喻。胶黏剂在这些轻工、纺织产品中的应用实例更是举不胜举。本节虽然只列举了一点点应用实例，但不难想象粘接工程修理技术在轻工、纺织领域中的应用前景是十分广阔的。

6.5.2　摩托车油箱底部中间漏油的粘接工程修理技术

摩托车油箱底部中间由于腐蚀、振动等原因出现漏油时修理起来比较困

难，因为漏油部位恰恰被一块焊接在油箱中间部位的加强钢板遮挡住，两者中间只有 1cm 的间隙，但是按照以下粘接工程修理技术基本工艺去实施很快便可得到修复。

（1）前处理

① 先将油箱内的汽油取尽，用 1 号铁砂布（约 1cm 宽，20cm 长）插入加强钢板内，把油箱漏油处的油垢、浮尘尽可能地擦掉，再用清洗剂擦洗数遍。

② 用软木塞或硬纸团把加强板缝的一端口封堵严实。另一个端口留着灌胶使用。

（2）配胶与粘接　按 Y0-59-1 胶黏剂配比值为 3 的比值调好胶黏剂，再加入适量的补强剂，待充分搅和均匀后，将此胶液从加强板缝的另一端开口处灌入，直至将夹缝灌满（或者用较昂贵的堵漏胶棒塞满夹缝即可堵漏）。

（3）固化时让"开口"朝上，室温固化 24h 即可使用。

6.5.3　压轮滚模部件脱落时的粘接工程修复技术

印染行业的压花滚模有整体制造模和粘接组合模。整合制造模上的图案是用焊接或电化学腐蚀的方法制成的。粘接组合模上的图案是用粘接的方法将不同图案的模块嵌入粘接于模体中而成。由于种种原因压花滚模上的图案模块会发生缺损脱落现象，导致压花滚模不能使用。用粘接工程修复技术可迅速让损坏的压花滚模恢复使用。

如果是整块模块脱落，可按图案要求重新加工模块后，重新采用嵌入粘接的方法修复。

如果是整块模块局部脱落，则可按以下粘接工程修复技术将其修复。

（1）前处理　将脱落处用 2 号铁砂布打磨干净，并使之露出新的金属底层，再用清洗剂清洗干净。

（2）配胶与粘接　按如下比例配制好胶黏剂：环氧树脂（E_{44}）∶邻苯二甲酸二丁酯∶丙酮∶固化剂（T_{31}）∶复合补强剂＝100∶10∶5∶（15～25）。若脱落面较小，复合补强剂可加少些；若脱落面较大，复合补强剂应多加些，以能挂住胶不流淌为原则。

复合补强剂的配方是：纳米补强剂∶还原铁粉∶WP-01A 组分＝1∶1∶2（质量比）。

将胶泥粘接脱落处，使之凸起，待胶初步固化时，将其印制或雕刻出所需要的图案。

（3）固化　室温固化时间大于 24h。

（4）后处理　用雕刻、磨削、铲刮等方法将粘接修补处的图案修整到应有的精美程度便可使用。假如不慎修整过度，又出现新的脱损，则可按（2）、（3）的步骤重新粘补后再修整。

6.5.4　纺织精梳机曲线斜管锡焊结合处松脱时的粘接工程修理技术

锡焊工艺不仅工时多，周期长，而且采用盐酸腐蚀处理工艺时容易引起生锈和腐蚀基材。以粘接工程技术代锡焊工艺便可克服上述缺点，具体步骤如下。

（1）前处理　用刮刀和 1 号铁砂布将松脱处的锡焊残留的锡迹全部清理干净，待露出精梳机底金属的光泽后，再用清洗剂将表面擦洗干净。

（2）配胶与粘接　按环氧树脂（E_{44}）：聚酰胺（650）：101 补强剂 ＝ 2：1：0.5 的配比制好所需的胶量，然后将胶液涂抹在松脱处，及时校正曲线管牙处正中位置。

（3）固化　室温固化 30min 后，再用红外线照射加温至 100℃ 左右，保持 30min，自然空冷于室温即可。

6.5.5　毛精梳机镀铬条辊与转轴连接处松脱时的粘接工程修理技术

毛精梳机镀铬条辊与转轴连接是套接头方式，可采用粘接工程技术完成修理工作。

值得提醒的是，如果是更换新的镀铬条辊，在粘接前应将镀铬条辊与转轴连接部位的铬层磨除或用化学处理的方法清除掉。磨除法成本高且不容易控制精度，一般宜采用化学除铬的方法。

化学除铬方法工艺如下。

（1）防腐处理　用清洗剂把镀铬条辊表面擦洗干净，晾干，再用 789 电镀绝缘胶（单组分）均匀地涂覆在不需要除铬处理的部位，自然晾干约 1h 后，再涂覆 798 绝缘胶。

（2）固化处理　室温固化处理应大于 24h，60℃ 固化处理时间应大于 6h。

（3）配制化学除铬溶液 在 28%～30% 的盐酸溶液中加入 1.5%～2% 的缓蚀剂（若丁型），搅拌均匀，静置 1h 后即可投入使用。

（4）除铬处理 将经（1）处理后的镀铬条辊需除铬的部分浸泡在化学除铬溶液中，当小气泡从除铬溶液中泛起，除铬工作便已开始，若小气泡太小、太少，可搅拌除铬溶液，或者摆动镀铬条辊，一旦发现气泡变大而且翻起，说明除铬工作基本完成。经验不足的操作者可在除铬过程中，时隔 5～10min 左右（夏季按 5min，冬季按 10min）将镀铬条辊从除铬溶液中取出，观察除铬的效果，视除铬的程度而控制除铬的浸泡时间。

（5）中和处理 将取出的除铬工件（镀铬条辊）置于 8% 的碳酸钠溶液中反复摆动 0.5～1min，进行中和处理，把残留的盐酸溶液处理掉。

（6）清洗处理 将中和处理完的除铬工件，置于自来水中反复摆动 0.5～1min，将酸、碱残液全部清洗掉。

（7）清除处理 用利刀把涂覆在镀铬条辊上的 798 电镀绝缘胶刮除干净。

（8）烫干处理 将清洗毕的工件及时置于沸水中烫干。如果在沸水中加入 3%～5% 的肥皂，可提高防锈效果，使除铬部位在数小时内不生锈。

6.6 石化领域中的粘接工程

6.6.1 概述

随着科技的发展，粘接工程技术已经普通地应用于石油、化工领域，而且发挥着越来越重要的作用。

① 石油化工领域中各种设施很多，在日常运转过程中损坏情况时有发生，赋予粘接修理的任务极多，特别是一些大型精密设施的损坏，往往用其他修理方法根本就不能解决问题。例如，上海被单漂印厂 1988 年从瑞士进口一台 2800 液压平网自动印花机，价值 52 万美元，刚使用了 2 个月，主动辊双座轴突然断裂，导致停工停产。若用焊接修复，会产生较大的变形，设备的精度受损，影响正常使用，若重新铸造制新的，最快也得等半个月，停工停产造成的损失预计达 34.26 万元。后来请上海的粘接技师，采用粘接工程修理技术，仅花 5 个多小时就使该机器得以快速修复，后来机器一直运转正常。

②　石油化工设备的防腐问题，也是一个令人头疼的问题，因设施受腐蚀被损坏的情况太多，因此而造成的损失也很大，更换部件是过去常用的修理方法。其修理成本较大，停工停产来修理的周期太长，会造成较大的经济损失。粘接工程修理技术在这方面越来越明显地表现出优越性，不仅可收到快速修复的效果，而且可大大降低修理成本。目前已有一系列耐腐蚀的高强度胶黏剂，具有耐腐、防腐粘接等多种功能，不仅可用于粘接工程维修中，还可用来进行防腐处理。如果将这些胶黏剂和无碱玻璃纤维布制成型材，是良好的防腐材料，这样的材料在石油、化工生产中有很大应用市场。

③　石油、化工生产连续性很强，倘若中途突然停产，就会造成很大的经济损失。造成停产的原因一般都是设备突然出现断裂事故，引起泄漏，泄漏的物质往往是具有毒性的易燃、易爆品，如果不停产就会造成更大的伤亡和损失。由于不能及时有效地解决泄漏问题而引起的停工、停产、中毒、火灾及爆炸事故，在全世界每个角落，特别是在石油化工领域时有发生。对于泄漏问题，国内外常用的传统修理方法是，首先排空容器，用碱水或蒸汽反复清洗，然后烘干，经检测达到安全标准后，在保证通风良好的条件下，再采用电焊或气焊的方法进行修复。这种修复方法不仅工艺烦琐、周期长、容易出事故，而且必须停工停产才能进行，给石油工业和社会造成很大的经济损失和不良影响。

近年来，国外一专家在研究机械强行止泄漏方面取得了一定成效。但这些方法在操作时，一般也得停工停产，同样存在修理周期长、成本高的问题。因此，研究一种在不停产，即带电、带油、带水、带压力、带毒气的情况下简单易行、安全可靠的快速堵漏的方法，是目前国内外急需解决的高技术问题。

为了解决上述问题，经过长期探索、不断实践，发明了一系列用于快速粘接堵漏的新材料和一系列配套使用的特种粘接修理技术。这些新材料和新技术不仅在石油化工领域解决了粘接工程修理技术中的许多难题，而且在国防、交通、贮运、电力等部门也得到了广泛应用，并取得了较大的经济效益和社会效益。

本节选择了典型的应用实例，希望引起广大读者的兴趣和有关管理者的关注。应该意识到粘接工程修理技术在石油化工领域有巨大的潜在市场，同时还有许多高科技的难题需要人们去攻克。

6.6.2　输油管道泄漏时的粘接工程修理技术

输油管道在运行过程中因种种原因产生泄漏的现象时有发生，往往因不能及时处理而酿成燃烧、爆炸、污染环境等灾难性事故。过去按照传统的工艺来修理，首先要把油管里的油全部排除掉，再用碱水反复洗涤，用蒸汽反复冲刷，经检验达到安全指标后，才进行焊接修理，这样不仅修理周期长，而且修理成本也很高。

采用特种粘接工程修理技术，可以边漏边补，在数秒钟内使正在泄漏的输油管立即止漏。这项特种粘接工程修理技术的关键是运用组合式胶黏剂——"168粘接堵漏王"和"第三代车家宝"。这类粘接工程修理技术一般适用于解决较小的泄漏问题，即泄漏孔径小于15mm、裂纹长度小于100mm的泄漏问题。对于一些较大的泄漏问题，往往还应采取停产、卸压、排油的办法后再实施粘接工程技术，具体步骤如下。

（1）前处理

① 紧关阀门，断油，尽可能排空油管中的油料。如果泄漏处是规则或不规则的漏点或漏缝，可用软木塞、铅丝（条）强行将泄漏处堵塞住，暂时使油料漏不出来。

② 用水磨砂纸蘸上肥皂水将泄漏处及其四周的锈垢打磨掉，用干布（粉）擦干水迹后，再用清洗剂把油迹擦洗掉。

③ 若发现有少量油迹渗出，可在用干净的布吸干油迹的一刹那间，迅速地将干燥的还原铁粉撒在渗油处，紧接着滴上数滴502胶，并立即垫上一层较厚的聚乙烯膜后用力摁住渗漏处。此番操作可重复多遍，直至将渗漏现象完全排除。

（2）配胶与粘接　按环氧树脂（E_{44}）∶无水乙醇∶纳米补强剂∶固化剂（T_{31}型）=100∶11∶（40~50）∶（15~20）的配比配制胶黏剂。将胶液涂覆在经前处理处理好的泄漏处。

（3）后处理　油管产生泄漏的原因一般有两个：其一，受外力作用所引起；其二，油管材质自身局部疲劳受腐蚀所致。

对于第一点仅考虑粘接修理处是否可承受油管内部油压的因素。若粘接修理处粘接面积较大，粘接力大大超过油压力，则不必采用其他后处理举措，反之则要采取适当的补强举措。如外粘一层钢皮加强、外粘缠铁丝加强、外粘缠绕多层玻璃纤维布加强等。总的原则是外粘缠的层数越多，其承受压力载荷的能力越强，粘接修理的质量和可靠性越好。

对于第二点一般都宜采取粘绕玻璃纤维布的方法，对粘接修理处进行加强处理。因为这种情况下，输油管泄漏处附近的材质的寿命是同步演变的，完全有同时粘补加强的必要。

（4）固化　室温固化时间应大于48~72h。

以上介绍的粘接工程修理技术主要适用于架设在陆地的输油管道。然而，随着海洋石油工业的发展，如何解决架设在水下、海水深处输油管的泄漏问题已提上议程。对于一些小的泄漏问题，完全可以通过对潜水员的训练，采用在陆地同样的粘接工程修理技术解决输油管的泄漏问题。对于一些大的泄漏问题，目前正在寻求利用水下机器人微机智能遥控下钟罩等新技术设计新的带压、带海水、带油条件的快速粘接工程修理技术。

6.6.3　变压器瓷瓶处泄漏时的粘接工程修理技术

变压器瓷瓶处产生泄漏变压器油的主要原因是与其相连接的绝缘橡胶密封圈松动，或密封圈自身老化收缩、龟裂。紧一紧瓷瓶端头的螺母解决松动问题后，泄漏问题亦可得到解决。若泄漏问题来自橡胶密封圈的质量问题，一般采取更换橡胶密封圈的办法来处理。但是，更换橡胶密封圈需停电、停工、停产 8h 以上，因此会造成很大的经济损失。采用粘接工程修理技术可边漏边补，仅需停电 1h 左右，具体工艺步骤如下。

（1）前处理　将松动处的浮尘、锈层、油垢刮除掉。若橡胶密封圈有糜烂变质层，应用利器将其刮除。

（2）粘堵处理　取 850 速效堵漏油胶棒，用手指头迅速地将其捏软、捏热（接近体温），然后尽快按压在泄漏处，泄漏现象即可消失。如果泄漏处凹坑较大，可用棉纱、铅锭、软木塞将凹坑堵塞后，再用 850 速效堵漏油胶棒将泄漏止住。

（3）补强处理

① 用人造金刚石什锦锉刀将泄漏处瓷瓶上光滑的釉层锉粗糙，形成网络花纹，再用清洗剂将其清洗干净。

② 配制 Y0-59-1 型胶黏剂，将其涂覆在泄漏处的 850 速效堵漏油胶棒之上及与其四周相连的瓷瓶上，要将 850 速效堵漏油胶棒全部覆盖。室温自然固化 10min 后，再涂第二遍 Y0-59-1 型胶，并要把第一层胶全部覆盖。

（4）固化　室温固化 24h 后，可达最高强度。室温固化约半小时，变压器便可恢复使用。

6.6.4　大型水煤气贮存罐泄漏时的粘接工程修理技术

大型水煤气贮存罐泄漏一般都发生在需上下浮动的上罐的焊缝及受腐蚀部位。考虑到防火安全问题，采用粘接工程修理技术前必须做好有关安全防火工作。然后按以下工艺步骤进行操作。

（1）前处理

① 用 220 目的水磨砂纸在浇（沾）水的情况下将泄漏处的锈垢、异物打磨掉。打磨动作要轻轻地、缓缓地进行，而且一定要保证打磨时有充分的水浇在砂纸上。待打磨处露出金属光泽时，再用清洁的水将打磨处冲洗干净，而后用干净的干布或棉纱将其表面的水分全部吸干。

② 根据泄漏处漏洞或漏缝的大小准备一块橡胶（可选用破旧自行车内胎），其大小能将泄漏处全部遮盖，并保证橡胶皮周边距泄漏中央的距离在 3cm 以上，随后将橡胶皮待涂胶面打磨粗糙。

（2）选胶与粘接　选用快干性环保氯丁类胶黏剂或 SBS 改性环保万能胶，这些胶均为单组分组合，不需要配制。如果需要提高其粘接强度，可以在用胶前加入 5％的促进剂——"列克那"。

将胶液薄薄地抹在被打磨粗糙的橡胶皮表面上，同时也在水煤气贮存罐的泄漏处表面抹上一层薄薄的胶液，待两个面上的胶液晾至似干非干、似黏非黏时，迅速地将橡胶皮粘贴在贮存罐的泄漏处，并及时加压固化。

（3）固化及后处理　室温固化约半小时即可投入使用，10h 后粘补处可达最高强度。究竟待固化多少时间后投入使用，要视水煤气压力的大小与粘补处粘接力的大小相平衡的情况而定。如果粘补处面积小，而水煤气压力较大，应及时对粘补处进行补强的后处理工作，即在橡胶皮面上粘接 2～5 层玻璃纤维布，粘接玻璃纤维布的胶黏剂可选用粘橡胶的胶黏剂，也可选用粘接力和综合性能更好的改性环氧基胶黏剂。

6.6.5　耐高温强酸性酸洗槽渗漏时的粘接工程修理技术

耐高温耐强酸性的酸洗槽工作条件比较苛刻，其耐温虽然一般小于100℃，但是强酸在这种条件下的腐蚀性是很大的，发生渗漏现象在所难免，粘接工程修理技术处理这种渗漏问题的关键是要配制一种能耐温耐强酸的胶黏剂，步骤如下。

（1）前处理　无论是用耐酸钢板、塑料板还是玻璃钢材料制成的酸洗槽，发生渗漏时，首先都必须将酸液放尽，并用大量的清水，甚至是 5％的碳酸钠溶液将渗漏处冲洗干净，接着用利器将渗漏处的残渣、疏松物刮除干净，最后用热水烫干渗漏处。待涂胶前再用清洗剂把渗漏处擦洗干净，晾干或用热风吹干。

（2）配胶与粘接　按以下配方配制胶液：环氧树脂（E_{51}）：邻苯二甲酸二丁酯：固化剂（T_{31}）：补强剂（特种复合纳米材料）＝100：15：20：适量。

对于较大的漏点和漏缝应多加些补强剂，将其调均匀后填塞于渗漏处即可。

对于较大面积的渗漏区，可采用贴覆补强布的技术对渗漏处进行粘补增强处理。一般粘贴 2～5 层，每粘一层相隔的自然固化时间约 2h。

（3）固化　室温固化时间应大于 24h。对于非常微小的渗漏处，可用热风加温的办法进行固化，使胶液能流畅地渗入渗漏部位，达到止漏的目的。对于较大的渗漏处，不宜加热固化，至少待室温固化 2h 后，再加温固化。

6.6.6　电镀塑料槽产生裂纹时的粘接工程修理技术

电镀生产线上用的塑料槽一般是聚氯乙烯材料，用热气焊的工艺焊接而成。在运行过程中塑料不免遭到裂损，用粘接工程修理技术来修理与热气焊修理工艺相比有以下优点：修理周期短，修理成本低，省工，省时，省电，修理质量好，使用寿命长。工艺步骤如下。

（1）前处理

① 用 2 号铁砂布将裂纹及其四周的异物打磨掉，直至露出新的底层。

② 沿裂纹开出 V 形坡槽，并在裂纹终端加工一个 $\phi 2～5mm$ 的止裂孔。

③ 用丙酮将裂纹及其四周彻底清洗干净，晾干。

（2）配胶与粘接　按 6.6.5 节（2）配制胶黏剂。将胶液涂满于 V 形坡槽及止裂孔内。如果裂纹较长、较宽，可采用贴覆数层补强布的方法进行加强处理。

（3）固化　宜用远光红外线照射加温实施固化处理，经 2h 后便可投入使用。室温固化时间应大于 8h。

6.6.7　ABS 塑料罐裂损时采用粘接工程修理技术

（1）前处理

① 按裂损处的需要裁制一块同类型的 ABS 塑料板，其面积宜比裂损处的实际面积大 20%～30%。

② 用 2 号铁砂布将裂损处及裁制的 ABS 塑料板的待粘接表面打磨干净，并呈现粗糙的网格纹路。

③ 用无水乙醇清洗待粘接表面。

（2）配胶　按 ABS 树脂颗粒：醋酸乙烯酯：丙酮＝（30～50）：30：40（质量比）的配比配制胶黏剂。配制工艺是：先将丙酮和醋酸乙烯酯混合均匀，再加入 ABS 树脂颗粒，在不断搅拌的情况下预热至 50℃ 左右，待 ABS

树脂颗粒完全溶解成均匀的胶液后便可使用。

（3）粘接　用毛刷蘸取胶液均匀地、薄薄地涂覆在待粘接表面。应同时在裂损表面和ABS塑料板待粘接表面上涂胶。待晾置到胶液基本上不粘手时再涂第二遍胶，再次晾置，待出现似干非干、似黏非黏现象时，及时将ABS塑料板粘贴在裂损处，同时在裂损处垂直方向上施加挤压力，使两个粘接面完全吻合。

（4）固化　室温固化2h后便可投入使用，48h后，达最高粘接强度。

6.6.8　注塑机下料筒颈部断裂采用粘接工程修理技术

① 用清洗剂将断裂面彻底清洗干净。

② 选用2号万能胶（A组分：B组分=1：1）将断裂处粘接复位。

③ 把内孔扩大（单边扩大10～15mm），并镶配上一个钢质内套，其配合间隙为0.1～0.15mm（单边），随后用清洗剂将内孔及钢质内套的外径表面清洗干净。再用WP-01特种无机胶黏剂把钢质内套粘入内孔（如图6-3所示）。

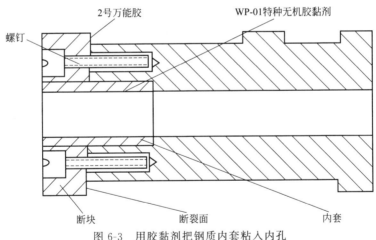

图 6-3　用胶黏剂把钢质内套粘入内孔

④ 室温固化24h或180℃加温2h后，采用机械连接加固化法进行加强加固处理，即加工一对 ϕ10mm 的螺钉，涂上 WP-01 特种无机胶黏剂后，旋入螺孔内，待胶层固化后，注塑机便可恢复使用。

6.6.9　输送带管道壁磨损后的粘接工程修理技术

许多物料在加工、生产、运输中，依靠在管道中滑行的办法来取得快捷、省工的输送效果。管道壁磨损后若不及时修理，就会被磨穿而造成事故。粘接工程修理技术在处理这类问题时便可以大显身手。

根据不同的物料应该设计不同的粘接工程修理方案。当物料属精细食品（如面粉、大米、豆类、盐类等）时，就要选择粘贴与管道壁相同的材料（如不锈钢、碳钢、玻璃钢、工程塑料等）的方法来解决其磨损问题，并且要选择无毒害的胶黏剂。当物料是粗糙的工业原料（如煤炭、矿粉、粉尘等）时，就可以选择涂覆耐磨涂层（又称耐磨胶黏剂）和同时贴覆补强布或其他耐磨材料（如耐磨陶瓷和钢板等）的方法进行修复处理；当然，采用粘贴与管道同类材料的方法，也能解决磨损问题。

以上各种粘接工程修理方法在实施时应共同遵守以下原则：

① 对被粘物表面应进行粗化和清洁处理；

② 加热固化比室温固化效果更好；

③ 要待胶黏剂完全固化后才能投入使用。

6.7　交通运输领域中的粘接工程

6.7.1　概述

交通运输行业大家都比较熟悉，粘接工程技术的应用实例举目皆是，数不胜数。许多交通标志，从制作到安装固定，胶黏剂工程技术都在其中发挥决定性的作用。各种运输车辆、器具损坏时有发生，粘接工程技术可大显身手。

6.7.2　金属交通标志掉落、松动时的粘接工程修理技术

交通标志多数都是用金属材料制成，而且几乎全部是采用焊接或铆接的传统工艺将其固定。然而锈蚀、不可抗拒和不可预测的外力作用往往使这些交通标志松动，甚至掉落。若继续采用焊、铆的方法固定，不但存在不容易接通电源、操作困难等不便，而且焊、铆时的加热、加力作用，还会损伤交通标志。采取粘接工程技术进行修理的步骤如下。

（1）前处理　用机械打磨、铲刮的办法，将金属交通标志掉落、松动处表面的锈层清除掉，并及时用清洗剂将其表面擦洗干净。

（2）选胶与配胶　可选用室温快固化环氧基胶黏剂（双组分胶液或胶棒）。按所需的配比值（一般为 A 组分：B 组分＝1：1）将所需的胶黏剂配制好。

（3）涂胶与粘接

① 同时在待粘接表面涂满胶黏剂，并及时将金属交通标志粘贴在被固定物上，用力推压数下，按住 3～5min（或用专用夹具夹持）。

② 先将胶棒捏成片状，再把它粘接在金属交通标志的被粘接面上，而后立即将标志按压在固定物上，按住 3～5min（或用专用夹具夹持）。

6.7.3 地面交通标志松脱时的粘接工程修理技术

粘贴在地面上的交通标志，具有经久耐用、综合造价低、施工周期短（不会过多地妨碍交通）等优点，近年来越来越得到广泛应用。然而，因种种原因产生松脱现象时有发生，如果不及时修复，有可能酿成交通事故。采用粘接工程技术，按以下步骤实施比较容易解决此类问题。

（1）前处理 用刮刀、砂布将松脱处的残胶铲刮、打磨干净。并用清水洗去浮灰，晾干。

（2）选胶与配胶

① 对于硬质材料的标志，应选择综合性能较好的环氧基胶黏剂等，并按产品说明书的要求配制好胶黏剂。

② 对于复塑材料的标志，应选择单组分的橡胶类胶黏剂，如接枝氯丁胶黏剂、改性 SBS 基胶黏剂，这类胶不需要配制。

对于以上标志，还可选择高强度的热熔胶（改性 EVA）来实施快速粘接，但是必须在允许动火的条件下实施。

（3）涂胶与粘接 同时在标志及地面的被粘接表面涂满胶黏剂。对于环氧基胶黏剂，可及时黏合；对于单组分橡胶类胶黏剂，应待胶面出现似干非干、似黏非黏状态时，按涂胶的先后顺序，将标志按压在地面上。使用热熔胶时，应使用热熔枪，并在涂胶前夕，将被粘接面预热到 90℃左右，再以最快的速度将标志粘接在地面上。

（4）固化 室温固化时间约半小时，便有足够的粘接强度。10h 后，基本上达到稳定强度。

6.7.4 铁路水泥轨枕裂损时的粘接工程修理技术

铁路水泥轨枕常常在运行过程中出现裂损现象，如果不及时处理，往往会招引事故，不利于火车的安全行驶。传统的处理方法就是更换新的轨枕，显然这会带来维护成本高、工期长的问题。采用粘接工程修理技术会收到显而易见的经济效益。

工艺步骤如下。

（1）前处理 对微小的裂损处，只需用"皮老虎"吹尽尘埃后，再用干净的湿布擦洗之，晾干；对较大的裂损处，可沿裂缝开出 V 形槽，再用干净的湿布擦洗之，晾干。

（2）选胶与配胶 对微小的裂损处，可选用 Y0-59-1 胶黏剂，并按 A 组分∶B组分＝4∶1 的配比调配好所需的胶黏剂。对较大的裂损处，可选用 WG 石材胶，并按 A 组分∶B组分＝1.1∶1 的配比调配好所需的胶黏剂。

（3）涂胶与粘接 对微小的裂损处，先用无色喷灯焰将其表面加温到 75℃左右，再将喷灯焰撤去，立即将胶黏剂涂在裂损处，并视胶黏剂渗流情况修整表面，使之光滑、平整即可。对较大的裂损处，先用 WG 石材胶的 B 组分胶液擦洗裂损处，晾置 10min 左右，再将调好的 WG 石材胶填补于裂损处，待胶黏剂还有塑性时，将其整形，使之平整光滑。

（4）固化 室温固化时间 30min 左右，胶黏剂虽然尚未达到理想强度，但仍可投入使用，因为粘接修补处在火车运行当中只是受到间接的、周期性的振动力，不会影响粘接修理的效果。待固化时间大于 24h 后，粘补处便处于完全稳定状态，从而大大提高了裂损处的抗腐蚀、抗震能力。

6.7.5 沥青路面缺损、开裂时的粘接工程修理技术

粘接按以下步骤进行。

（1）前处理 将缺损、开裂处用清水冲洗干净，晾干。

（2）选胶与配胶 选用水基氯丁改性的乳化沥青胶液，拌入适量的干燥、干净的（不含杂物）石英砂（20～40 目），使胶体呈黏稠状。

（3）涂胶与粘接 先用无色喷灯焰将缺损、开裂处加温到表面呈熔融状态（不能冒黑烟），及时将胶体涂塞于粘补处，可利用刮板（刀）、喷灯焰相互配合的操作手法，把粘补处整平、整光滑。

（4）固化 室温固化时间应大于 8h。60℃左右加温固化时间应大于 0.5h。

6.7.6 水泥船漏水后的粘接工程修理技术

在我国江南一带有不少小型水泥船活跃在航运和农副业战线上。水泥船耐水、耐腐，行驶平稳，使用寿命又长，然而，因各种原因水泥船会产生裂缝和穿孔而发生漏水，若不及时修理，后果不堪设想。采用以下粘接工程修理技术，能较好地解决水泥船的漏水问题。

（1）前处理

① 设法使水泥船的漏水处露出水面，并尽量使其干燥（自然晾干或光照、火烤处理）。

② 对于裂缝，要沿着裂缝开出 V 形槽，并擦刮掉表面的污垢及疏松层。

③ 对于穿透的孔，要将不规则的穿孔尽量刮校成较规则的圆孔状，并打磨掉表面的污垢及疏松层。

（2）选胶与配胶　选用 Y0-59-7 胶黏剂，并按 A 组分：B 组分＝5：1 的配比进行配制。

在该胶黏剂中加入 25％～40％的 500 号硅酸盐水泥后，可用来粘补裂缝；再加入适量的玻璃纤维丝后，可用来粘补穿孔。

（3）涂胶与粘接　对于裂缝，将胶黏剂填塞于 V 形槽表面再粘贴 1～3 层玻璃纤维布即可。对于穿孔，先在穿孔的一面粘贴 1～3 层玻璃纤维布将穿孔封住，待胶黏剂固化后，再将较稠厚的胶泥灌注在孔洞内，最后在其表面粘贴 1～3 层玻璃纤维布，将穿孔的另一面粘封住。

（4）固化　室温固化时间应大于 48h，水泥船方可下水行驶。如果光照（65℃左右）加温固化，6h 后水泥船便可投入使用。

6.8　土木建筑领域中的粘接工程

6.8.1　概述

在远古时期，人类就开始应用天然的无机胶黏剂（黏土与水混合而成）砌筑简陋的住所。这大概是粘接工程技术在土木建筑领域最早的应用。当水泥这种无机胶黏剂问世后，即开创了土木、建筑史的新时代。胶黏剂和粘程技术在土木、建筑领域中一直占有突出的地位。

建筑胶黏剂已作为胶黏剂中的一个重要分支，异军突起，发展很快。在一些发达国家建筑胶黏剂的产量占本国胶黏剂总产量的 25％上。下面介绍一些主要的应用。

① 用作土木建筑工程材料，大致可分为结构用材（水泥混凝土、树脂混凝土等），粘接、防腐用材，密封用材三大类。

② 房屋及构件的预制。

③ 轻型多功能墙体板的制作。

④ 人造花岗岩、大理石的制作。

⑤ 建筑物外墙面装饰、粘接或涂覆各种装饰材料。

⑥ 建筑物内墙、天花板面的装饰处理。

⑦ 建筑物室内外的装饰或铺建。

⑧ 屋面、地面、墙面防水、防潮、防漏处理。

⑨ 公路、跑道、水利工程的建造。

⑩ 各种建筑工程的建造结构。

6.8.2　毛主席纪念堂琉璃砖瓦松脱时的粘接工程修复技术

（1）前处理　先将脱落处的基础表面和琉璃砖瓦的被粘接表面用钢丝刷反复刷擦掉所有的浮尘及疏松层，再用清水擦洗数遍，晾干。

（2）选胶与配胶　选用2号万能胶（或环氧快干胶）和WG石材胶。按其A组分∶B组分＝1∶1（体积比）的配比，分别将这两种胶黏剂配制好。

（3）涂胶与粘接　将WG石材胶涂在琉璃砖瓦的中央部位，同时将2号万能胶涂布在琉璃砖瓦的周边（边宽10mm），而后及时将琉璃砖瓦粘贴在墙体上，同时施予均匀的正压力，使多余的胶液四溢而出，并清除干净。

（4）固化　用手或专用加压固化工具稳住琉璃砖瓦自然固化3～15min。温度越高固化时间越短，反之越长，应酌情取舍固化时间（以上指的是2号万能胶的固化状况，埋在琉璃砖瓦中央的WG石材胶，室温固化时间需10h才达最高强度）。

2号万能胶虽然能快速固化，有利于快速定位，但它不耐老化，使用寿命约5年；WG石材胶虽然固化速度较慢，不利于快速定位，但它耐老化，使用寿命可大于50年。

6.8.3　水泥桥墩出现裂纹时的粘接工程维修技术

（1）前处理　用钢丝刷将龟裂表面的疏松浮质层清除掉，并用"皮老虎"（一种手工吹风工具）将龟裂深层里的悬浮杂物吹尽。

（2）选胶与配胶　选Y0-59-8胶黏剂和Y0-59-1胶黏剂。

Y0-59-8胶黏剂按其A组分∶B组分＝8∶1的配比配制所需的胶液。

Y0-59-1胶黏剂按其A组分∶B组分＝3∶1的配比配制所需的胶液，可加入少量的400号水泥，一来可使其色泽近似于水泥色，二来可降低修理成本。

（3）涂胶与粘接　先用Y0-59-8胶黏剂把龟裂表面涂一遍（采用刷涂法或喷涂法均可），晾置半小时左右，再将Y0-59-1胶黏剂涂覆其上，而后将补强布（可根据需要选用玻璃纤维布、陶瓷纤维布或碳纤维布）粘贴其上

（一般粘贴1～3层）。粘贴补强布时，要尽量将补强布拉直、整平，并及时驱赶夹杂在胶层中的气泡。待胶层基本固化后，再将Y0-59-8胶黏剂涂覆于最表层。

（4）固化　常温固化时间大于24h。低温固化时间72h。若用热风或红外线光束照射固化，控制在60℃左右时，仅需4h左右。

6.8.4　阿联酋皇宫汉白玉石柱、护栏缺损时的粘接工程修复技术

（1）前处理　用清洗剂或丙酮将缺损处擦洗干净，晾干。

（2）配胶与粘接　按环氧树脂（透明型）：邻苯二甲酸二丁酯（CP级）：乙二胺（试剂级）＝100：10：（5～10）的配比配制好所需的胶液，再加入适量的纳米补强剂和钛白粉，将胶液调成与汉白玉色泽一致的胶泥状。胶泥之色可以略白于汉白玉之白色，待日光照射后，两者色泽就更能接近些。将胶填补于缺损处，并随时修整其表面，使其外形与护栏的外形相吻合。

（3）固化　室温固化时间应大于72h，才能达到稳定状态。

（4）修整　用细的钢锉刀和300号的水磨砂纸，在有肥皂水浇淋的情况下，把粘补处的外表面打磨光滑。再用清水清洗干净，晾干后，再进行打蜡（白色、高熔点石蜡）处理，使粘补处与护栏本色尽量一致。

6.8.5　宾馆大堂大理石墙面脱落时的粘接工程修复技术

大理石墙面与墙体结合通常是依靠水泥砂浆粘接。虽然成本低，但是其起始黏度低，固化速度慢（完全固化往往需20多天），粘接后往往要用机械支撑的办法来使之固定。宾馆大堂大理石墙面一旦脱落，假如还是用水泥砂浆粘接修复，再摆设一个庞大的支架支撑住大理石板，而且一摆就得二十余天，这样自然影响宾馆的经营。然而采用粘接工程修复技术，选用WG石材胶或快干性环氧胶仅3～5min便可解决这个问题。

（1）前处理　用湿毛巾（或布）将脱落处的墙面及大理石被粘接面上的浮灰擦洗干净，晾干。

（2）选胶与配胶　假如粘接处比较干燥，可选用WG石材胶。假如粘接处比较潮湿，便可选用Y0-59-1胶黏剂。

WG石材胶按其A组分：B组分＝1：1（体积比）的配比将所需的胶黏剂配制好。

Y0-59-1胶黏剂按其A组分：B组分：400号水泥＝5：1：3（质量比）

的配比配制所需的胶液。

（3）涂胶与粘接　按交叉涂胶法和点阵涂胶法在大理石待粘接面及相对应的墙面上同时涂胶，并及时地将大理石板粘贴在墙面上，用手扶正推压几下，约 1min 左右，便可松手，大理石板即被粘住。

（4）固化　室温固化，3～5min 后便可达到足够的起始强度，10h 后可达最高强度。

6.8.6　水泥屋面裂漏时的粘接工程补漏技术

水泥屋面裂漏是常有的事，采用粘接工程补漏技术能解决这类裂漏问题。基本步骤如下。

（1）前处理　先清扫裂漏处的尘埃，再用钢丝刷将裂漏处的疏松水泥质层刷掉。当裂纹宽度大于 2mm 时，应沿裂纹方向开出 V 形槽后，用湿布擦除浮灰，晾干。

（2）选胶与配胶　选用 Y0-59-8 胶黏剂，并按如下配比配制所需的胶液：A 组分∶B 组分∶水泥（400 号以上）＝8∶1∶适量。处理微小裂纹时，可以不加水泥。

（3）涂胶与粘接

① 对微小裂漏，应先用电吹风将裂漏处吹热（亦可选择室外温度较高时施胶），再把胶黏剂涂刷其上，继续用热风吹拂，使胶液完全渗入裂缝中即可。

② 对较大的裂漏，应将胶黏剂把 V 形槽填满，并使其略高出水泥屋面的平面。

③ 对裂纹群（如龟裂面），应继②之后，再粘贴 1～2 层玻璃纤维布。最后在外层再涂覆一层胶液。

④ 对大面积的裂漏，可在屋面铺垫一层约 15mm 厚的多功能胶粉，再用 WG 石材胶黏剂粘接铺压一层水泥预制板，即可收到防漏、隔热双重效果。

（4）固化　常温固化时间应大于 3h。

6.8.7　钢筋水泥电灯杆产生严重裂缝时的粘接工程修理技术

钢筋水泥电灯杆受风沙侵袭，往往容易产生严重裂缝，甚至露出钢筋，如不及时修理，将可带来停电等事故，并造成巨大的经济损失。采用粘接工程维修技术可取得非常可观的经济效益和社会效益。基本步骤如下。

（1）前处理　先沿裂缝开出 V 形槽，清理槽内及钢筋上的悬浮杂物。再用 101-1 带锈防锈涂料刷涂在已生锈的钢筋上，常温约半小时，带锈防锈涂料完全干固，并与钢筋上的锈层发生化学反应形成一层致密的防锈膜。

（2）选胶与配胶　选用 Y0-59-6 型胶黏剂，并按 A 组分：B 组分：纳米补强剂：水泥粉（400 号以上的硅酸盐水泥）＝4.5：1：0.5：（1～3.2）的配比调配好所需的胶黏剂。裂缝越大，水泥粉的添加量越多，反之越少。

（3）涂胶与粘接　将胶黏剂涂塞于 V 形槽内，起初会出现胶体流挂现象，此时仍需用力将胶体反复往 V 形槽里塞填，待胶黏剂呈初步固化状，但仍有塑性时，应尽快将胶体表面修整平滑，并用专用的弧形刮板（用塑料或硬木板制成，其弧面恰恰与电杆柱形弧面一样）将其整理得与电杆柱表面一样平滑。

（4）固化　室温固化应大于 16h。红外线或紫外线照射固化时间应大于 4h。

（5）表面处理　先用 1 号铁砂布将粘接修补处打磨消光，再用稀的水泥砂浆刷于粘补处及水泥杆表面，可连续刷 2～4 遍，视其色泽美观一致即可。

6.9　文物、体育、生活领域中的粘接工程

6.9.1　概述

科教兴国，众人皆知，然而粘接工程技术在科教兴国，特别是在文物、文教、体育、生活领域中所起的作用，人们未必尽知。

我们的国球——乒乓球，其球拍的研制，全仗胶黏剂和粘接工程技术辅佐。

篮球、排球、足球三大球如果不采用粘接工程技术，怎么可以达到轻巧、耐磨、耐水、不漏气、弹性好等指标呢？

羽毛球、运动鞋、画笔、彩墨、绘图仪、赛车、赛艇、摩托车等物品的制造和维修都离不了胶黏剂和粘接工程技术。

6.9.2　青铜文物损坏断裂时的粘接工程修复技术

粘接工程技术是修理青铜文物极为方便的办法。采用粘接工程修复技术不仅可以恢复青铜文物的原貌，而且又不会损伤青铜文物的内部组织。

该项粘接工程修复技术应按以下步骤进行。

(1) 前处理

① 用无污染消毒技术——紫外线C光束照射青铜文物的损坏断裂处,约40min。

② 先用利刀轻轻刮削粘补表面的绿锈及疏松层,直至露出新的青铜层,然后用医用白棉纱蘸蒸馏水擦洗其表面,再用远红外线烘干处理,最后用清洗剂洗干净待粘接表面。

③ 对于需承受较大载荷的大型青铜文物,宜在适当的位置设计粘接加强板和补强布,并预先做好相关准备工作。

(2) 选胶与配胶 根据青铜文物损坏、断裂、氧化及受力等情况选择不同的胶黏剂。可分别选用透明的环氧树脂胶,EVA热熔胶,α-氰基丙烯酸酯胶,第二、第三代丙烯酸胶,并按其产品使用说明书配制好胶液。

(3) 涂胶与粘接

① 对局部缺损处,可用透明的环氧树脂胶,或在该胶中调入适量的青铜粉后填补缺损处。

② 对于断裂处,应同时在两个被粘接表面上涂上一层均匀的胶黏液,对合后做适当的挤压,再及时用蘸了少许清洗剂的白棉纱布条擦除外溢的胶液。

③ 对于需加强和补强处理的文物,待完成①、②的操作,胶黏剂完全固化后,再进行加强和补强的粘接处理。

(4) 固化 利用自重加压固化、砂袋加压固化、机压加压固化等方法进行定位加压固化,室温固化时间应大于16h。

(5) 后处理 根据青铜文物年限、氧化色彩等情况可对粘接修理部位进行着色装饰、防腐处理,以增加仿真效果,增加观赏性和耐久性。

6.9.3 艺术油画(布基)破裂时的粘接工程修复技术

艺术油画一般都是布上作画,久而久之布会老化,油彩也会老化,油彩还会使布变脆。一幅有价值的油画一旦出现破裂现象,其粘接工程修复技术的操作步骤如下。

① 先将油画破裂处背面(无画面的一面)的尘埃打扫干净,再用条状的不干胶带纸按裂纹方向把破裂处粘接补好。

② 裁剪一块比破裂处大些的补丁(用结实的新棉布或耐老化的化纤布),用热水将补丁反复洗晾几次,视无缩水、变形现象后,再将它烫平。

③ 用弹性较好的环保橡塑胶黏剂,如改性SBS环保万能胶。同时在补

丁和油画破裂处的被粘接表面（背面）涂上一层均匀的、薄薄的胶液，晾置到似干非干、似黏非黏时，按涂胶的先后顺序，将两个被粘接面黏合，并及时用两块粘上了一层海绵泡沫的平木板从油画粘补处的正反两个面同时对粘补处施压（海绵泡沫面应紧贴油画的正反面），将粘补面整平。

④ 室温固化 48h 后，油画家或原作者用油彩润色粘补处的画面。

6.9.4　画架（铝合金）断裂时的粘接工程修复技术

画架用的铝合金型材断裂，若用焊接修复，不仅成本高，而且容易变形，表面美观亦遭到破坏。采用复合粘接工程技术进行修复能取得较好的效果。具体步骤如下。

（1）前处理

① 对茬复验断裂处是否可以完全吻合，如果不能完全吻合，要应用细钢锉将断口修平整。

② 用清洗剂将断裂部位擦洗干净。

③ 裁剪一块 1～2mm 厚的铝板（也可用木板、不锈钢板取代）作粘贴加强板，该加强板的形状应以能隐蔽在断裂处背面为宜。加强板两端距断裂线应大于 10mm。加强板的被粘接面应用 1 号铁砂布打磨粗糙，并用清洗剂擦洗干净。

（2）选胶与配胶　应选用无色透明的快干性环氧类结构胶，按 A 组分∶B 组分∶铝粉（大于 200 目）＝1∶1∶适量（体积比）的配比配制好所需的胶液。加适量的铝粉主要是把胶液调整到能有与铝合金相似的色泽。

（3）涂胶与粘接　将胶液同时涂在被粘接面，把断茬对齐黏合，同时用力加压，使多余的胶液从断口处挤出，再把加强板粘贴在断裂处框架的背面，断裂线应对齐在加强板的中央部位。

（4）固化　用砂袋或专用机械夹具，对粘接面施加固化压力。室温固化时间应大于 10min，10h 后可达最高粘接强度。

（5）后处理　胶层固化后卸去压力，用利刀剔除多余的残胶。用 300 号水磨砂纸打磨粘接修补处及其周围，再根据需要进行适当的表面处理，如打蜡抛光处理、涂铝粉光亮装饰涂料等。

6.9.5　竹笛调音时的粘接工程修复技术

竹笛使用太久往往要变音，个别音孔特别不准，需调音。买来一支新竹笛，个别音孔往往也不太准，要调音。因为不测之外应力损伤了音孔面，也会导致音不准，也需要调音。按以下粘接工程技术修理可做好调音工作。

（1）前处理 将1号铁砂布卷成圆棒状，插入竹笛需调音的音孔内，按顺时针方向，将音孔内壁打磨干净，直至露出新的竹质层。

（2）配胶 按环氧树脂（E_{44}）：邻苯二甲酸二丁酯：丙酮：固化剂（T_{31}型）：2号补强粉＝100：8：5：25：（40～50）的配比调制好所需的胶黏剂。

（3）粘接处理 当需把音调调高时，将胶黏剂刮涂在需调孔的下端（靠近竹笛尾部一端），当需把音调调低时，将胶黏剂涂刮在需调孔的上端（靠近竹笛吹孔的一端）。室温固化24h后，用什锦细钢锉、弧形挖刀、600目金相砂纸等工具修理需调音的音孔。需调至高音时，渐渐挖除音孔上端（靠近竹笛吹孔一端）部位的竹质层；需调至低音时，渐渐挖除音孔下端（靠近竹笛尾部一端）部位的竹质层。应该边挖、边吹、边听、边校，有必要时也可修锉粘补的胶黏剂部位。总之，以准确之所需，把音孔的形状修整到最佳状态。

（4）后处理 用白丝绸布蘸上黄蜡液将粘接修理部位抛光、擦亮后即可演奏。

6.9.6 箭弓断裂时的粘接工程修复技术

箭弓一般由6层胶黏剂和5层纤维布（如玻璃纤维、碳纤维布、硅酸铝纤维布等）组成。比较理想的胶黏剂是环氧基胶黏剂，该类胶黏剂不仅能粘接好箭弓上的各种零件，而且能承受拉弓时产生的应力。

箭弓如果全部裂断，几乎没有多大的修理价值。如果箭弓局部（数层）断裂，可按以下粘接工程技术的步骤进行修理。

（1）前处理 根据断裂处纤维布断裂的层数，将断裂缝开成V形槽，断裂的层数越多，V形槽的开口开得越大。一般按断裂层数：V形槽口宽＝1（层）：10（mm）开好V形槽。用清洗剂将V形坡面清洗干净，晾干。

（2）配胶与粘接 按以下比例调制好所需的胶黏剂：环氧树脂（E_{44}）：邻苯二甲酸二丁酯（CP级）：聚酰胺（CP级）：纤维（约10mm长）＝100：12：105：适量。用红外线光束将粘补处加热到70℃左右时，把胶黏剂压涂在V形槽内，并填塞满，最后再粘绕一层纤维布。

（3）固化 室温固化时间应大于24h。60℃光照加温固化时间应大于8h。

6.9.7 滑冰刀松动时的粘接工程修复技术

由于环氧树脂胶黏剂能高强度粘接力，以美国为首的雪橇制造商不再用金属制造雪橇，而转向生产玻璃钢雪橇。雪橇和滑冰鞋上的滑冰刀自然也改用环氧树脂胶黏剂解决其连接问题。

（1）前处理　用清洗剂将松动（脱）处的污垢清洗掉，晾干。

（2）配胶　按环氧树脂（E_{44}）：邻苯二甲酸二丁酯（CP级）：聚酰胺（650型）：纳米复合补强剂＝100：10：100：（5～10）的配比调制好所需的胶黏剂。

（3）粘接　用红外线光束或电吹热风将粘接修理处加热到80℃左右，再在所有的粘接面上涂上胶黏剂，及时黏合、定位、压紧或施用加压装置，使滑冰刀能紧紧固定造被粘接处。

（4）固化　继续加热固化2h后，逐渐降至室温，再自然固化20h便可使用。

6.9.8 竹笛开裂时的粘接工程修复技术

一支心爱的竹笛，如果不慎受外力作用或受气候条件的影响开裂成为废品，对一个笛子演奏者来说将是一件很痛心的事。然而采用粘接工程技术进行修复，就能变废为宝，其步骤是：选择透明的快干环氧胶黏剂，用细牙签将胶液涂抹在开裂面上，对合、压紧，在开裂部位包裹上一层塑料薄膜，而后用绳子隔着塑料薄膜将黏合处缠紧，室温固化2h后可拆除绳子和塑料薄膜，用利刀或300目水磨砂纸除去外露的胶迹，再用丝绸布蘸上黄色蜡液将粘接修复部位抛光擦亮，即可吹奏。

6.9.9 磨漆画破损时的粘接工程修复技术

磨漆画是我国一种较古老的画种，大概是由于其制作工艺太复杂（一般要经过近五十道工序），使用的天然漆又有毒，往往使制画者患严重的皮肤过敏症等，所以该画种几乎失传。近20年来，由于粘接工程技术的发展，美术工作者赋予磨漆画新的生机，即用不饱和聚酯树脂胶取代天然漆，用特有的出光技术和相配套的粘接技术，不仅解决了有毒问题，而且还大大简化了制作工序（一般2～3道工序即可），因此高雅的磨漆画才起死回生，得以发展。

一幅好的磨漆画来之不易。尤其是因用料和制作工艺特殊,几乎制不出完全一样的作品,也就是说每件好的磨漆画都有可能成为稀世珍品,物以稀为贵,这也是本项粘接工程修复技术的价值所在和技术难度所在。粘接修理工不仅应具备高超的粘接工程技术,而且还应具备一定的绘画制作技巧。修理磨漆画时,最好在磨漆画作者或画家的指导和协助下进行。此项粘接工程修复技术的关键如下。

① 应选用上等的、透明度较好的不饱和聚酯树脂。

② 在破损处涂覆了不饱和聚酯树脂后要及时覆盖上一层光亮的聚酯塑料薄膜,并用均匀的力压平,待不饱和聚酯树脂固化后要及时揭下聚酯塑料薄膜。

③ 粘接修理后如果需要消光处理,应用600号水磨砂纸在有肥皂溶液(含5%的肥皂)的情况下进行磨制操作,最后用清水洗净肥皂液,再用医用脱脂棉吸干水分。

6.9.10　月琴发音开裂时的粘接工程修复技术

一把很好的月琴,因种种原因其发音板会产生裂纹,月琴因此而报废。按照以下步骤可以修复。

(1) 前处理　用刮刀沿裂纹将开裂处刮出V形槽,尽量不要刮到发音板的底面。

(2) 配胶与粘接　按以下配比调制好所需的胶黏剂。环氧树脂(E_{44}):邻苯二甲酸二丁酯(CP级):无水乙醇(CP级):乙二胺(CP级):木屑(粒度大于100目)=100:11:5:7:适量,并及时将胶液涂塞于V形槽内,并使胶液高出月琴发音板的平面约0.5~1mm。

(3) 固化　室温固化时间应大于24h。

(4) 后处理　选制一块很平整的小木块,其规格以手把握时较舒适为度。再选用1号和0号木砂纸垫在小木块下(先用1号木砂纸,再用0号木砂纸)将粘补处打磨平整、平滑。

6.10　车辆、船舶维修领域的粘接工程

6.10.1　概述

由于胶黏剂在车辆、船舶工业中(包括各种机动车辆等交通工具)的应用越来越广泛,粘接工程修理技术在车辆、船舶领域的应用也越来越多。

目前约有 40 余种胶黏剂用于汽车组装生产中，解决金属、塑料、织物、玻璃、橡胶、复合材料、功能材料等汽车部件之间的连接、密封、装饰等问题。据估算平均每台机动车辆需要 10kg 左右的胶黏剂。

6.10.2　汽车发动机机体外壳产生裂纹时的粘接工程维修技术

汽车发动机机体外壳产生裂纹是常见的疵病。金属内部组织缺陷、应力的集中、突发情况的外力作用往往引起机体外壳不同的部位产生裂纹。

裂纹有粗细、长短之分，也有单一裂纹和群裂纹之别。首先讲述一下单一裂纹和短裂纹（长度小于 10mm 的裂纹）的粘接工程维修技术的工艺步骤。

① 寻找裂纹的两个端点。

② 将裂纹上及四周 2～3cm 内的锈层、污垢及油水等杂物清理干净，宜铲刮、打磨后，再用干净汽油（丙酮、乙醇亦可）擦洗数遍。

③ 以裂纹终端为圆心，钻出止裂孔，每个止裂孔的直径是裂纹宽度的 3～5 倍。如果机体太厚不易加工，可酌情将止裂孔钻成盲孔。

④ 用特制 V 形錾刀顺着裂纹将其开成 V 形的裂纹槽，V 形槽宜深不宜宽，其深度宜是宽度的 2～3 倍。

⑤ 再次用清洗剂将裂纹及其四周清洗干净。

⑥ 配制胶黏剂，可选用 1～3 号万能胶、Y0-59-1 胶黏剂等。

⑦ 将胶黏剂刮涂在裂纹上，用强光照射或电热风吹干的方法使胶黏剂能迅速扩散，渗透到裂纹深处，待胶黏剂固化。

⑧ 按步骤⑥同样的工艺再次配制胶黏剂，再将 30％～90％ 的纳米补强剂加入胶黏剂中，充分调和均匀（裂纹越宽，补强剂加的量越多）。

⑨ 将调好的胶黏剂刮涂在 V 形裂纹上，抹平即可。

对于长裂纹的粘接修理，又可分为两种情况来处理。长度为 20～30mm 的裂纹，在完成上述 9 个步骤的操作后，再用步骤⑥配制的胶黏剂将 1～3 层 1 号补强布贴覆于裂纹上作为补强举措。长度大于 30mm 的裂纹，在完成上述步骤后，分别在裂纹终端和中段粘贴一块干净的 2～5mm 厚的约 10mm 宽、30mm 长的钢板，起到加强抗冲击、抗裂的作用。同样，也可在每块钢板的两头用小螺钉（螺钉直径取 3～8mm 为宜）固定钢板，其效果更佳。小螺钉与底孔螺纹间的配合间隙宜大些，底孔内涂满胶后，再将小螺钉拧上。

对于群裂纹（两条以上的裂纹纵横交错在一起）的粘接修理，除了按上述步骤操作外，还可将一块比群裂纹面积稍大的钢板粘贴在群裂纹上，当然再用小螺钉蘸上胶黏剂固定，可防止裂纹开裂。对于铝合金的发动机机体外壳，在配制胶黏剂时，应将30％～50％的铝粉（大于300目）调入胶黏剂中充分搅拌均匀后再涂覆于V形裂纹槽中；若选用2号万能胶，则不必加铝粉，宜加入适量的特种短纤维（玻璃纤维）搅拌，即可修补裂纹。

6.10.3 汽车发动机机体外壳产生破损时的粘接工程维修技术

汽车发动机机体外壳产生破洞，多半是外力造成的，其破洞有大有小，对于较小的破洞（直径小于15mm），用万能胶或Y0-59-1胶黏剂将破洞掉出的壳体快粘接复原，表面再粘贴1～3层补强布即可。如果破洞掉出的壳体块碎了或者丢失了，则可将不规则的破洞加工成规则的圆孔，再攻上螺纹，配上一个相应的螺钉，在螺钉上涂抹胶黏剂后旋入孔内，待胶黏剂完全固化后，再将孔口表面打磨平整，有缺陷的地方可再用胶黏剂填补。当然，最后在孔口表面粘贴上一层补强布就更加万无一失。

对于较大的破孔，除了按基本工艺进行粘接修理外，应该注重对破孔掉出的壳体块做认真处理，壳体块能复原的尽量复原；对于永久变形、不能完全吻合的部位，应用机械磨削的方法使之尽量吻合后再进行粘接，不能完全吻合部位用胶黏剂（加入适量纳米补强剂）来填补粘接。如果壳体块已丢失或碎断成许多小块，无复原价值，那么就应该按破孔形状配制一块相似形状的钢板粘入孔中，当然，如果允许，则可将一块比破孔边缘大出20mm左右的钢板黏覆在破孔口上面将破孔粘补住。由于破孔口较大，应在复位粘补工作完成之后，再在破孔口表面粘贴1～3层补强布，或者粘贴一块比破孔边缘大些的钢板。最后用小螺钉蘸上胶黏剂，再次将钢板牢牢地固定在孔口上。这样运用粘接工程技术修理好的壳体是经得起运行和冲击力的考验的。

6.10.4 汽车刹车片磨损、脱落时的粘接工程修复技术

随着胶黏剂和粘接工程技术的发展，汽车刹车片逐步由原来的铆接结构改为粘接结构，一是改善了刹车效果，二是大大提升了刹车片的利用率，三是降低了制造成本，这样自然就提出了如何运用粘接工程技术实施粘接修理

刹车片的技术问题。

刹车片一般有三种情况要进行粘接修理，分别叙述如下。

（1）刹车片上的摩擦片完全脱落　修复时宜先将钢片上的残余摩擦片打磨干净（最好进行喷砂处理），用1号砂布将新的摩擦片待涂胶面打磨2～3遍，再按胶黏剂的使用要求配胶、涂胶，加压3000～5000Pa，加温（60～80℃）固化处理。

（2）刹车片上的摩擦片局部缺损　修复时，先将缺损部位打磨粗糙，并用清洗剂清洗干净。再配制摩擦片修补胶，即在3号万能胶中加入适量的纳米补强剂及石棉绒（一定要烘干），充分搅拌均匀，然后将缺损部位加热到45℃左右，再将修补胶涂抹在缺损部位（宜涂得厚些），垫上一层聚乙烯塑料薄膜后，尽快装进特制的专用加压工具中，加压、加温（80℃，2h）固化。

（3）刹车片上的摩擦片出现了最后薄层，几乎失去刹车作用　要么重新换新的刹车片，要么重新粘接新的摩擦片。应该强调的是选用不同的胶黏剂，其固化工艺有所不同。比如，选用3号万能胶或者选用Y0-59胶时，涂胶前宜将钢片和摩擦片加热至50℃左右再涂胶，固化时宜加压3000～5000Pa、加温（80℃）固化2h即可。选用J-04胶黏剂时，要先后涂两层胶，每涂一层应在室温中晾置20min，再加压5000～6000Pa，于80℃放置60min，于165℃放置120min，最后随炉自然冷却，即告成功。

6.10.5　汽车各种饰件松动、脱落时的粘接工程修复技术

汽车上装饰条（件）千姿百态。随着材料工业的发展，装饰材料除了用金属来制作外，还常采用塑料电镀材料、橡胶电镀材料、合金材料及复合材料制作。

用来制作装饰条（件）的金属多半是金、银、铬（镀铬）及其合金材料。对于这类材料有的是靠粘接固定，有的是靠螺钉固定或铆接固定。当其松脱后，最理想的修复固定方法应该属粘接了，而最理想的胶黏剂是2号万能胶。因为2号万能胶不仅粘接强度大，而且固化快速，粘接前不必特殊清理、处理被粘接表面。对于铜或铜合金装饰件，则宜选用1号或3号万能胶。对于塑料件或塑料电镀装饰条（件），一般也是选用2号万能胶来进行粘接。然而，对于聚乙烯和聚四氟乙塑料的装饰件，则必须采用粘接和铆接、粘接与嵌接、螺钉固接的联合举措，方可取得良好的修复效果。

对于橡胶、皮革、海绵、泡沫等材质的装饰料，可选用快干性、氯丁橡胶为基的胶黏剂，如强力胶、88万能胶、801、401、接枝氯丁胶，或者选用硅橡胶密封胶、聚硅氧烷密封胶来达到粘接修理的目的。选用不同的胶黏剂，应该参照产品说明书的要求采取不同的步骤（工艺）实施。

6.10.6 汽车外胎破损时的粘接工程修复技术

汽车外胎破了一般不宜用粘接工程技术进行修复。然而，对于一些破损面积较小、深度较浅、有修复必要的情况，可采用粘接和粘接埋入螺钉的联合举措来获得短期的修理效果。所谓短期，根据经验，可达3～24个月之久。因为破损的情况不一样，修复的难易程度不一样，使用环境条件不一样，其修复后的寿命也就不一样。建议选用冷粘接力较强的接枝氯丁橡胶为基的胶黏剂。

6.10.7 汽车油箱漏油时快速粘接堵漏工艺中的粘接工程修复技术

就目前来看，汽车油箱一般是用钢铁材料制成的。由于磨损、锈蚀、双电层腐蚀及外力作用，油箱外壳经常出现穿孔和裂纹，造成漏油。

按照传统的工艺来修理，首先要把油箱里的油全部取出来，再用碱水反复清洗，用蒸汽反复冲刷，经检验没有汽油味后，方可进行焊接修补。这样不仅修理时间长，而且费用高，关键问题是不能急司机所急，不能立刻解决漏油问题，会带来不少麻烦。

如今采取粘接工程技术，即特种粘接补漏技术可在数秒钟内便能让正在漏油的油箱立即止漏。当然，当裂缝太长（＞100mm）时，粘接修补后如果不采取另外的补强措施，其使用寿命是很有限的。

目前，国内外最理想的快速粘接堵漏产品是"168粘接堵漏王"（属第八代粘接堵漏技术）。应用该产品时，不用电、不动火，不必把正在泄漏的油取出来，也不必减除油压，更不必做特殊的清洁处理，即可边漏边补，在数秒钟内立即止漏。

（1）一般小漏缝、漏洞的堵漏方法 按体积比1∶1将甲、乙两管胶液混合均匀，涂在特种胶纸有胶的一面上，按压在泄漏处，再用强力磁性固定块定位，或用手或用加力器具将外力施加在特种胶纸背面上，不让特种胶纸位移，待168胶固化后泄漏即止，再撤去外力。

（2）较大漏缝、漏洞的堵漏方法 视漏缝、漏洞的大小取出适量的特种棉球或特种补强剂（小塑料管内粉状物），与已经混合好的168胶液充分搅匀后，置于特种胶纸有胶的一面，迅速按压在泄漏处，再用强力磁性固定块定位，或用手或用加力器具施于外力在特种胶纸背面上，不让特种胶纸移位，待168胶固化后泄漏即止，再撤去外力。

使用168胶液注意事项。

① 用砂纸粗糙化处理被粘接表面，再涂胶粘接，可提高粘接强度。

② 不耐甲基丙烯酸酯和丙酮等溶剂。

③ 应避光室温保存，帽盖不要盖错。

④ 该胶黏剂的贮存期为一年。

如果油箱不是钢铁、铝合金制品，而是铜或铜合金制品，则不应该用"168粘接堵漏王"，宜选用第三代粘接堵漏技术产品——组合式胶黏剂"车家宝"来解决，具体方法如下。

① 先找出准确的泄漏处。

② 取适量的超级万能堵，用手指捏软，迅速堵塞在泄漏处，漏缝、漏洞较大时，轻轻地按压粘堵处即可，数秒钟后泄漏即止。

③ 将离泄漏处边缘4mm外四周的超级万能堵清除掉。

④ 裁剪一块略大于粘堵范围的多功能胶纸，并在其有胶的一面撒上一层（约2mm厚）01号耐温胶的A组分粉末，粉末中央留出一个凹坑，然后将超级快干胶滴2～3滴于凹坑中，并迅速把凹坑对准泄漏处的超级万能堵压合，数秒钟后胶便发热而变得干硬。

⑤ 用超级清洗剂将距离多功能胶纸边缘2cm内的油污擦洗干净（注意不要把多功能胶纸弄湿）。

⑥ 先按产品说明书配制超级万能胶，再加入其一半体积的补强剂或01号耐温胶的A组分粉末，然后调匀，用它将多功能胶纸贴于泄漏处，由里向外，从小到大，粘贴2～3层即可。

备注：

① 粘堵方法进行到第二步时，即可在数天内保持不漏，如六个步骤全部完成，即可保证1～8年不漏。

② 若该方法进行到第四步后又出现泄漏，说明前面的操作步骤未达到工艺要求，应该从头开始，认真重复上述步骤。

6.10.8 汽车水箱漏水时快速粘接堵漏工艺中的粘接工程修复技术

汽车水箱如果是钢铁材料制成的，漏水后可用"168粘接堵漏王"来进行快速粘接堵漏。可边漏边补，也可将水放完后粘补，效果更快更好。如果水箱是用铜或铜合金制成的，则需采用"车家宝"中的技术产品来进行快速粘补方可取得较好的效果。

6.10.9　汽车缸盖排气门座间外侧穿孔时的粘接工程修复技术

汽车缸盖进排气门座间外侧穿孔时，采用粘接工程技术可以快速修理好。

汽车缸盖进排气门座间外侧部位温度较高，宜选用耐高温的无机胶黏剂粘接螺钉塞来修复。修复时，首先要将穿孔加工成直径比穿孔最大直径大2～4mm的螺孔，然后配制相称的螺纹塞，将螺纹塞在 30% 左右的盐酸溶液中浸泡 1～3min，取出后，用热水烫干，再将配制好的无机胶黏剂（WP-01无机胶或 WG 高强度石材胶）涂于螺孔及螺钉塞上，拧紧，待胶完全固化后即可。

这种方法简单易行，由于无机胶抗老化、耐高温，修复后一般可达长期使用的效果。

6.10.10　船体或水舱渗漏时的粘接工程修复技术

无论是钢铁、木料、水泥还是玻璃钢材料制成的船体或水舱，一旦发生渗漏，均可用粘接工程技术来解决其渗漏问题，要选耐水性及综合性能较好的 Y0-59 系列胶黏剂来修理。

粘接修理渗漏问题大致有两种基本情况：第一，要求在船舶行驶中有水有水压的情况下进行边漏边粘补；第二，允许船舶停船上岸在无水无压力的情况下进行粘补。

在第一种情况下，对于钢铁材质的船体或水舱，可采用组合式胶黏剂——"168粘接堵漏王"进行快速粘补；对于其他材质的船体或水舱，在采用 Y0-59 胶黏剂时，还要根据实际情况设计一套加压顶压工装设施，才能完成边漏边补的粘接修复工作。

在第二种情况下的粘接工程修复技术的步骤如下。

（1）前处理　先将渗漏处的水迹、油垢、锈污彻底清除干净。并将渗漏处的疏松层打磨掉。渗漏处若是凹点可将其扩拓为圆凹状，若是裂纹，可钻上止裂孔后，再按裂纹方向开出 V 形坡槽，最后再次用清洗剂将需粘补处全部擦洗干净。

（2）选胶与配胶　将 Y0-59 胶按 A 组分∶B 组分∶纳米补强剂＝4∶1∶2的质量比调配好。

（3）涂胶与粘接　将胶液涂布于渗漏处。对于较大的渗漏点，可再粘贴 2～3 层无碱玻璃纤维补强布，或者再在其上粘贴一块 2mm 厚的钢板，并用 6～8mm 粗的螺钉固定，实施复合加强处理。

（4）固化　在常温下固化时间应大于 24h，或 60℃加温固化 4h 即可投入使用。

6.10.11　万吨货轮主机冷凝器内盖泄漏时的粘接工程修复技术

万吨货轮主机冷凝器内盖泄漏时，可采用粘接工程技术进行维修，具体步骤如下。

（1）前处理　先将泄漏处锈垢油污清理干净，再用 1 号砂布打磨，使表面呈网状形状，最后用清洗剂擦洗 2～3 遍。

（2）选胶与配胶　选用耐高温（＞200℃）的环氧基胶黏剂，如 Y0-59 胶，并按 A 组分：B 组分：纳米补强剂＝4：1：1.5 的配比配制所需的胶量。

（3）涂胶与配胶　用红外线光束将泄漏处加热到 90℃左右，及时把胶液涂于泄漏处，再将一层 0.2mm 厚的碳纤维布粘接其上。

（4）固化　80℃固化 1.5h。

6.10.12　船舶冷库外的保护层破损时的粘接工程修复技术

船舶冷库外保护层多选用优质的白铁皮，主要靠钉镀锌钉子的办法，将其固定在冷库层的木框架上，然而，白铁皮与白铁皮之间的连接处是选用耐候性、耐海水性均较好的胶带形热熔胶来解决其连接、密封及防腐问题。久而久之，白铁皮及其相互间的连接处不免遭受破损，采用粘接工程修复技术进行修理的办法被视为最佳的修理方案。具体步骤如下。

（1）前处理

① 先将破损的异物及残渣刮除干净，再用清洗剂擦洗 2～3 遍。

② 配制一块符合破损部位几何尺寸的白铁皮，并将被粘接面清洗干净。

（2）选胶和配胶

① 选用同种类型的胶带形热熔胶。

② 选用 Y0-59 胶黏剂，并按 A 组分：B 组分：纳米补强剂＝6：1：2 的配比调制好所需要的胶液。

（3）涂胶与粘接

① 选用胶带形热熔胶时，先用大功率电吹风将被粘接处的白铁皮加温

到 120℃左右，再把热熔胶带贴覆其上，视其熔化后，立即将被粘的白铁皮覆盖其上，并施加足够的压力，同时用冷的湿布覆盖其表面，使热熔胶尽快冷却，粘接工作即告完成。

② 选用 Y0-59-6 胶黏剂时，先用大功率电吹风将被粘处的白铁皮加温到 70℃左右，再把胶液同时涂布在被粘接面上，并及时使白铁皮相互吻合粘接紧密，加压加温（50℃左右）固化约 2h 即可。

（4）固化　在固化过程中，发现脱胶现象应及时补胶。不方便加压之处可用钉镀锌钉子的方法施压。固化时间大于 8h 后可达最佳修理效果。

第7章 粘接工程中常用的胶黏剂

7.1 常用胶黏剂

7.1.1 CAE-150 耐热快速胶黏剂

（1）主要组成　由 α-氰基丙烯甲酯及改性剂组成。

（2）施工工艺条件

① 涂胶　将胶液滴在洁净的粘接件上后合拢。

② 固化条件　接触压力，常温下 5～60s 基本固化。

（3）性能指标

淡黄色液体。粘接件经过 150℃ 加热 1h 后，常温剪切强度仍保持为原强度的 65％～70％。

（4）用途及特点

① 使用温度范围　室温至 150℃。

② 特点　耐热，在室温下可快速固化。

③ 主要用途　用于钢、铁、铝、铜、硬质塑料的粘接。

（5）包装及贮存　聚乙烯塑料瓶装。防潮、避光，于 15℃ 以下贮存。

7.1.2 脲醛胶粉

（1）主要组成　脲醛胶粉和固化剂组成。

（2）施工工艺条件

① 配胶　胶粉：水：固化剂＝100：100：0.3。固化剂用量一般不大于 0.5％（对胶粉），用量多，固化时间较短，胶液的适用期也缩短。按配比先将固化剂溶于水中再与胶粉拌匀。

② 涂胶　将胶液涂于被粘材料表面，表面应无油污、光洁而不呈碱性

反应。

③ 固化条件　在稍加压力下，常温固化 4～8h，或 80～100℃固化 20～15min。

（3）性能指标

外观　白色或微黄色粉末；

粒度　95％以上通过 80 目标准筛；

固体含量　96％以上；

游离醛　2％以下；

水分　2％以下；

配成 60％胶液粘接人造板的拉伸强度　≥1.18MPa。

（4）用途及特点

① 使用温度范围　常温。

② 特点　胶粉可以染成任意色彩，不污染制品，易贮存。

③ 主要用途　用于人造板、工业木制品的粘接，纺织浆纱的浆料、纸制品加工胶料、皮箱、人造革箱与木基、纸基的粘接和瓶贴胶等。也可作为模塑料的原料、电器绝缘封口材料。

（5）包装及贮存　桶装，放置阴凉干燥处，切勿靠近热源及热潮湿地方，防止胶粉自身聚合而失效。贮存期为 6 个月。

7.1.3　铁锚 205 胶

（1）主要组成　由酚醛-缩醛树脂和固化剂组成。

（2）施工工艺条件

① 配胶　于树脂中加入 10％左右石油磺酸固化剂调匀。

② 涂胶　用油画笔醮胶均匀涂刷一次，然后晾置 10min，待溶剂挥发后再涂一次（一横一直），再待溶剂挥发后，贴合。

③ 固化条件　压力 49kPa，常温需 2 天或 120℃下 30min。

（3）用途及特点

① 使用温度范围　常温。

② 特点　室温固化，无毒，无刺激性，价廉。

③ 主要用途　粘接尼龙、酚醛玻璃层压板、硬质泡沫塑料（如聚苯乙烯泡沫）、木材、猪鬃毛等，也可用于上述材料与金属间粘接。

（4）包装及贮存　17kg 铁皮桶装，贮放于阴凉处。本品含有机溶液，按危险品贮运。

7.1.4　HY-901常温固化韧性环氧胶

（1）主要组成　由（甲）缩水甘油酯型环氧树脂、低分子聚硫橡胶和（乙）长链酚醛改性胺类固化剂组成。

（2）施工工艺条件

① 配胶　甲：乙＝（2～2.5）：1。适用期（15g量）：20℃，20min。

② 涂胶　按常法涂刮，迅速叠合。

③ 固化条件　20℃需24h（2～3h即固硬）。

（3）性能指标　见表7-1和表7-2。

表7-1　铝合金粘接件在不同条件下的常温测试强度

试验条件		室温24h	浸水30天	浸汽油7天	−60～60℃ 5次交变
甲：乙＝2：1	剪切强度 /MPa	7.8～11.8	8.5	11.8	12.7
	T型剥离强度 /(kN/m)	3.4～4.1	3.4	3.9	3.4
甲：乙＝2.5：1	剪切强度 /MPa	9.8～17.7	12.7	18.1	16.2
	T型剥离强度 /(kN/m)	2.5～3.4	2.9	3.2	3.4

表7-2　粘接不同材料的常温测试强度

材料	铝合金-有机 玻璃	铝合金-聚碳 酸酯	铝合金-ABS 塑料	铝合金-硬聚 氯乙烯	铝合金-聚苯 乙烯	黄铜-黄铜
剪切强度/MPa	5.4～6.9	9.8～11.8	5.9～6.9	5.9～6.9	2.9～3.9	12.7～19.6

（4）用途及特点

① 使用温度范围　常温至60℃。

② 特点　使用方便，固化速度快，粘接强度高，韧性好，接头密封性和抗震性好等。

③ 主要用途　用于铭牌、铝箔与各种材料的粘接，固定电感器密封，高压容器引出线的密封，应变片的防水，真空系统中的玻璃器件的粘接与修补等。适用于照相机取景器与铜，玻璃与铝，橡胶或聚酯泡沫与铁板、铝板的黏合，收音机商标、镶条、铝板与ABS塑料的粘接等。

（5）包装及贮存　甲、乙组分分装于软管中。贮存于干燥阴凉处，贮存期半年。属非危险品，按一般化工产品运输。

7.1.5　211 胶

（1）主要组成　由（甲）环氧树脂（E-51）、聚硫橡胶和（乙）聚酰胺（200#）等组成。

（2）施工工艺条件

① 配胶　甲：乙＝1：0.75。适用期：50g 量，常温 3h。

② 涂胶　涂胶后合拢。

③ 固化条件　接触压力，100℃需 3h。

（3）性能指标　铝合金粘接件常温剪切强度 27.5～29.4MPa；常温不均匀扯离强度 44kN/m。

（4）用途及特点

① 使用温度范围　－30～80℃

② 特点　机械强度高，韧性好。

③ 主要用途　金属、陶瓷材料的粘接，加入二硫化钼可作为磨损件的尺寸恢复用胶。

（5）包装及贮存　甲、乙二组分玻璃瓶分装。贮存期为 1 年。

7.1.6　SLP-1 泡沫结构胶

（1）主要组成　由改性环氧树脂和发泡剂等组成的胶膜及胶粒。

（2）施工工艺条件

① 被粘材料处理　铝合金采用磷酸阳极化学方法进行表面处理，其他金属用喷砂或砂皮打磨。

② 涂胶　胶膜可直接敷于被粘表面，胶粒可撒在需填充的空隙中。

③ 固化条件　175℃，2h。

（3）性能指标　挥发分＜0.5％；密度 0.4～0.6g/cm³；膨胀比约 4：1。套接压剪总强度：47MPa（室温）；＞26.6MPa(175℃)。

（4）用途及特点

① 使用温度范围　－60～175℃。

② 特点　耐高温、耐介质、耐老化性好。

③ 主要用途　用于蜂窝结构的增强、密封。也可用于其他金属、非金属结构的增强，代替部分耐高温浇注树脂。

（5）包装及贮存　胶膜与塑料薄膜隔开封装，存放于避光阴凉处。贮存期一年。

7.1.7 自力-2 胶

（1）主要组成 由环氧树脂、丁腈橡胶和双氰胺组成的胶液或胶膜。

（2）施工工艺条件

① 涂胶 金属材料表面经化学处理后涂胶两次，每次涂胶后晾置 10～15min，然后升温至 70～80℃，干燥 15min，最后将试件合拢。使用胶膜时，涂一次底胶，晾置条件同前，然后贴上胶膜进行合拢。

② 固化条件 压力 294kPa，170℃需 2h。

（3）性能指标 乳白色至粉红色黏稠物，无可见杂质，允许有白色沉淀；固体含量 25%～35%；黏度（涂-2 黏度计，20℃）60～90s。粘接性能指标见表 7-3。

表 7-3 经化学处理铝合金的粘接件在不同温度下测试强度

胶料		胶液	胶膜	纱网胶膜
剪切强度/MPa	−60℃	≥31.4	≥29.4	≥24.5
	20℃	≥27.5	≥25.5	≥22.6
	60℃	≥19.6	≥17.7	≥12.7
	100℃	≥8.8	≥7.8	≥7.8
不均匀扯离强度/(kN/m)	20℃	≥58.8	≥58.8	≥49

（4）用途及特点

① 使用温度范围 −60～60℃。

② 特点 粘接强度高，耐疲劳和耐介质性能良好，胶层致密。

③ 主要用途 用于金属材料粘接，适用于无孔蜂窝结构、钣金件的粘接和机器制造工业作为结构胶使用。

（5）包装及贮存 胶液用深色广口玻璃瓶或镀锡铁桶装；胶膜用聚乙烯薄膜作隔开层，木箱包装。贮存温度应低于 30℃，防止阳光直照和远离热源。贮存期胶液为半年，胶膜为 1 年。按易燃品运输。

7.1.8 铁锚 401 胶

（1）主要组成 由（甲）聚酯树脂、（乙）聚酯改性异氰酸酯和（丙）银粉等组成。又名 DAD-2 胶。

（2）施工工艺条件

① 配胶 甲∶乙∶丙＝1∶4∶10，按配比量混合均匀，调成油灰状。

适用期：室温，4h。

② 涂胶　用玻璃棒将胶涂于被粘件表面，室温晾置 10～15min，然后贴合压紧。

③ 固化条件　接触压力，30℃下 10h 基本固化；30℃下 5 天或 60℃下 5h 可达较好的强度和电导率。

（3）性能指标　电阻率（Ω·cm）：30℃，5d 后 $(1～5)×10^{-3}$；60℃，5h 后 $10^{-4}～10^{-3}$。常温测试强度见表 7-4。

表 7-4　铝合金（打毛）粘接件在不同固化条件下的常温测试强度

固化条件	30℃×5d	60℃×5h
拉伸强度/MPa	≥7.8	≥9.8
剪切强度/MPa	—	≥17.7

（4）用途及特点

① 使用温度范围　−80～100℃。

② 特点　常温固化，电阻率低，粘接强度高。

③ 主要用途　用于无线电、电子工业。

（5）包装及贮存　甲组分 0.1kg，乙组分 0.4kg，丙组分 0.5kg 和 1kg，均玻璃瓶装。乙组分贮存应密封，避忌水分，不宜久存，贮存期不超过 3 个月为宜。甲、乙组分按易燃品贮运。

7.1.9　DAD-3 胶

（1）主要组成　由聚乙烯醇缩甲醛改性酚醛树脂和电解银粉组成的单包装胶。

（2）施工工艺条件

① 涂胶　使用前用玻璃棒将胶搅拌均匀，然后再用玻璃棒将胶均匀涂在被粘物表面，晾置 15～20min，再涂第二次，晾置 10min 后再将黏合面合拢，压紧。

② 固化条件　压力 49～98kPa(焊接引线可不用压)，160℃需 2～3h。

（3）性能指标　电阻率 $10^{-4}～10^{-3}$Ω·cm；铝合金（打毛）粘接件的剪切强度：常温时为 14.7MPa，120℃时≥8.8MPa。

（4）用途及特点

① 使用温度范围　常温至 150℃。

② 特点　使用方便，有较高的粘接强度。

③ 主要用途　无线电工业中金属、陶瓷、玻璃间的导电性粘接，如用

于大波导法兰、石英晶体引出线的粘接，也可用于压电陶瓷听筒的粘接。

（5）包装及贮存　0.5kg以下玻璃瓶装。室温密闭干燥贮存，贮存期为半年。属易燃品。

7.1.10　301 导电胶

（1）主要组成　由酚醛树脂、聚乙烯醇缩丁醛、电解银粉和乙醇组成的单包装胶。

（2）施工工艺条件

① 涂胶　被粘材料最好经过化学处理后涂胶。

② 固化条件　压力 196～294kPa，60℃下固化 1h，然后再在 150～160℃下固化 2h。

（3）性能指标　电阻率（2～5）×10^{-4}Ω·cm。粘接不同材料的测试强度如表 7-5 所示。

表 7-5　粘接不同材料的测试强度

材料		铝合金	黄铜
剪切强度/MPa	常温	14.7	14.7
	60℃	12.7	—
	100℃	9.8	—
拉伸强度/MPa	常温	49.0	29.4

（4）用途及特点

① 使用温度范围　−40～100℃。

② 特点　综合强度高，导电性能好而且稳定。

③ 主要用途　用于铜、铝波导元件的粘接。

（5）包装及贮存　玻璃瓶装，贮存期为 2 年。

7.1.11　303 导电胶

（1）主要组成　由（甲）聚乙烯醇缩丁醛改性的间苯二酚甲醛树脂的乙醇溶液（浓度为 25%～30%）、（乙）电解银粉和三聚甲醛、（丙）氢氧化钠乙醇溶液（浓度为 5%～10%）组成。

（2）施工工艺条件

① 配胶　甲：乙：丙＝1：3.8：0.05（按固体含量计算），按比例调匀。适用期：常温 3～4h。

② 涂胶　涂胶后合拢。

③ 固化条件　常温需 1~2 天。

（3）性能指标　电阻率（2~5）×10^{-3}Ω·cm；铝合金粘接件室温剪切强度 9.8MPa。

（4）用途及特点

① 使用温度范围　－40~100℃。

② 特点　室温固化，导电性好而且稳定。

③ 主要用途　用于各种导体及半导体元件不能受热部件的粘接。

（5）包装及贮存　三组分分别用玻璃瓶装，贮存期为一年。

7.1.12　DAD-5 导电胶

（1）主要组成　由（甲）环氧树脂、（乙）咪唑固化剂和（丙）银粉组成。

（2）施工工艺条件

① 配胶　甲：乙：丙＝1.1：（0.1~0.15）：（2.5~3.5），按配比混合搅成油灰状。

② 经化学表面处理的被粘接物在红外灯下预热至 40~50℃，涂上胶后合拢。

③ 固化条件　压力 49~95kPa，100℃需 3h。

（3）性能指标　电阻率 10^{-3}~10^{-2}Ω·cm。铝合金粘接件于 200℃经 2000h 热老化后的剪切强度在室温和 200℃的实测值均在 12.7MPa 以上。粘接不同材料（经化学处理）的测试强度指标见表 7-6。

表 7-6　粘接不同材料（经化学处理）的测试强度指标

材料		铝	铜
剪切强度/MPa	室温	≥14.7	≥11.8
	180℃	≥9.8	≥7.8

（4）用途及特点

① 使用温度范围　最高可达 180℃。

② 特点　导电性好，不含溶剂，能在 100℃固化，耐温 180℃，粘接强度高。

③ 主要用途　适用于无线电工业导电粘接及密封。已用于代替焊锡作电子管散热片的粘接，与焊锡比，具有放气小、没有氯化锌腐蚀、不用水煮等优点，可提高电子管质量。还用于场致发光灯引出线、薄膜电路上的晶体

管芯与基片的粘接。

（5）包装及贮存　1kg 以下玻璃瓶装，配套供应。贮存期为 1 年。

7.1.13　J-09 耐高温胶

（1）主要组成　由酚醛树脂改性聚硼有机硅氧烷树脂及填料等组成的单组分胶。

（2）施工工艺条件

① 涂胶　在经表面处理的金属表面上薄薄的一层胶，晾置半小时，再涂第二次胶，晾置 1h，在 80℃下预热半小时，升温至 130℃保温 20min 后趁热合拢。

② 固化条件　压力 0.29MPa，200℃下固化 3h，然后自冷至室温。

（3）性能指标　室温拉伸强度≥24.5MPa。其他性能见表 7-7。

表 7-7　不锈钢粘接件在不同温度下的测试强度

测试温度/℃	−60	20	400	450
剪切强度/MPa	≥14.7	≥14.7	≥7.8	≥5.9

（4）用途及特点

① 使用温度范围　−60～450℃。

② 特点　耐瞬间高温性良好。

③ 主要用途　用于各种耐高温部件的黏合。适用于深水潜水泵石墨密封环的黏合、石棉制品与金属的黏合等。

（5）包装及贮存　玻璃瓶装。密封贮存于避光通风干燥处。贮存期 1 年。

7.1.14　WSi-1 无机粘接剂

（1）主要组成　硅酸盐。

（2）施工工艺条件　先将粘接表面的油污、锈垢清除干净，在金属或塑料板上，将 A、B 两组分按配比值 $R = \dfrac{A(\text{g})}{B(\text{mL})} \approx 1$ 调混均匀，待成糊状，即可使用。将胶液涂于两粘接表面，对正压合，并做适当挤压、搓动，使之固定。该胶可静置缓慢固化，可逐渐升温固化或直接高温固化。

（3）性能指标　A 组分为浅灰色粉末，B 组分为浅灰色液体；起始黏度 1.5Pa·s；吸油量≥13%；最高耐温 1100℃。

（4）用途及特点　该胶是一种耐高温型胶黏剂。无害、无毒，用于粘接各种耐火器材、维修耐火设备。可在高温 950℃ 条件下长期使用，胶液经高温固化要求处理后，可耐油、耐水、耐酸碱及多种化学介质，对粘接表面无特殊要求。另外，该胶也可以用粘接玻璃、大理石等非金属材料。

（5）包装及贮存　A 组分为 600g 玻璃瓶或塑料袋。B 组分为 500mL 塑料瓶或玻璃瓶。密封存于阴凉干燥处，单组分可长期贮存。

7.1.15　KH-505 高温胶

（1）主要组成　甲基苯基硅树脂、无机填料和甲苯配制的单组分胶。

（2）施工工艺条件

① 涂胶　先将胶液搅匀，黏稠性可用甲苯调节。涂胶两遍，每次在室温下晾置 30min，最后在 120℃ 烘 20min，趁热搭接。

② 固化条件　压力 0.49MPa，270℃ 需 3h。有条件时，可去除压力后在 425℃ 固化 3h，可提高强度。

（3）性能指标　见表 7-8 和表 7-9。

表 7-8　钢粘接件在不同温度下的测试强度

测试温度		室温	425℃
剪切强度/MPa	未后固化	7.7～8.5	2.7～3.3
	经后固化	9.7～10.8	3.6～4.1

表 7-9　钢粘接件经不同条件老化后于 425℃ 的测试强度

老化条件	温度	400℃	−60～425℃	
	时间或交变次数	200h	5 次	10 次
剪切强度/MPa	未经固化	3.0～3.6	2.8～3.2	3.3～3.4
	经后固化	2.8～3.2	3.3～3.6	—

（4）用途及特点

① 使用温度范围　最高可达 400℃。

② 特点　耐高温、耐水和大气老化，对金属无腐蚀性。

③ 主要用途　用于高温下金属、玻璃、陶瓷的粘接，适用于螺栓的紧固密封、钠硫电池耐高温密封；可作耐高温应变片制片胶；还可加入还原银粉配制成导电胶，用于射频溅射技术中靶与支持电极的黏合。

7.1.16　SDL-1-43 有机硅橡胶胶黏剂

（1）主要组成　由（甲）有机硅氧烷、（乙）交联剂正硅酸乙酯和（丙）促进剂二月桂酸二丁基锡组成。

（2）施工工艺条件

① 配胶　甲：乙：丙＝100：3：（1～2）。

② 涂胶　底材进行去污及脱油等处理，然后合拢。

③ 固化条件　常压或加压，25℃需24h。

（3）性能指标　易流动黏液，黏度20Pa·s；拉伸强度＞2.45MPa；伸长率200％；剪切强度：＞1.96MPa(25℃)，4.9MPa(－100℃)。

（4）用途及特点

① 使用温度范围　－70～250℃。

② 特点　耐气候老化，耐热空气老化，耐酸碱等介质，耐臭氧，无腐蚀性，电绝缘性良好，疏水性良好。

③ 主要用途　粘接硅酸盐类，如玻璃、陶瓷、水泥、玻璃纤维以及棉布制品；金属材料需经表面机械处理后进行粘接。

（5）包装及贮存　无毒，不燃，非危险包装。贮存期为5年。

7.1.17　GT-1 有机硅胶黏剂

（1）主要组成　由（甲）有机硅氧烷、（乙）交联剂正硅酸乙酯和（丙）促进剂二月桂酸二丁基锡组成。

（2）施工工艺条件

① 配胶　甲：乙：丙＝100：4：2。

② 涂胶　底材进行去污及脱油等处理，然后涂胶合拢。

③ 固化条件　常压或加压，25℃需24h。

（3）性能指标　红色半流动液体；针入度＞80格；本体强度＞2.9MPa；伸长率100％；剪切强度（常温）＞1.96MPa。

（4）用途及特点

① 使用温度范围　－120～350℃。

② 特点　耐气候老化，耐热空气老化，耐酸碱及臭氧等介质，无腐蚀性，电绝缘性良好，疏水性良好，耐高温，耐高热流烧蚀。

③ 主要用途　粘接硅酸盐类，如玻璃、陶瓷、水泥等，金属材料需经表面处理后粘接良好。

（5）包装及贮存　无毒，不燃，非危险品包装。贮存期为 2 年。

7.1.18　DW-1 耐超低温胶

（1）主要组成　由（甲）三羟基聚氧化丙烯醚异酸酯的预聚体和（乙）3，3′-二氯-4，4′-二氨基二苯甲烷组成。又名 1 号耐超低温胶。

（2）施工工艺条件

① 配胶　甲：乙＝100：（10～20），按配比混合均匀。

② 涂胶　涂于被粘物表面后，合拢。

③ 固化条件　压力 19.6kPa，60℃需 2h，或 100℃下 1h，或室温数天。

（3）性能指标　铝（打毛）粘接件的剪切强度：室温≥4.9MPa；－196℃≥17.65MPa。

（4）用途及特点

① 使用温度范围　室温至 196℃。

② 特点　可室温或加温固化，黏度低，使用方便，在低温下有较好的粘接强度。

③ 主要用途　可用于制氧机的修补、密封。如在制氧机冷凝器与下塔连接处和管式主蓄冷凝器闷盖连接器表面采用本胶后，经 0.59MPa 气压检查不漏；在自动阀箱中用于螺钉加固，情况也良好。也适用于玻璃钢、陶瓷及铝合金的粘接。

（5）包装及贮存　0.5kg 以下玻璃瓶装，配套供应。甲组分易与水反应，用后应立即密闭，以防潮气进入而胶变质。贮存期为半年。

7.1.19　DW-3 耐超低温胶

（1）主要组成　由（甲）四氢呋喃共聚醚环氧树脂和双酚 A 环氧树脂、（乙）间苯二胺衍生物、（丙）有机硅化合物等组成。又名 3 号耐超低温胶。

（2）施工工艺条件

① 配胶　甲：乙：丙＝5：1：0.2，按配比搅拌均匀。

② 涂胶　用涂胶棒或刷子将胶液均匀涂抹于被粘物表面，然后贴合。

③ 固化条件　接触压力，100℃需 2h，或 60℃下 8h。

（3）性能指标　见表 7-10 和表 7-11。

表 7-10　铝合金粘接件在不同温度下的测试强度

测试温度/℃	60	20	－253	－269
剪切温度/MPa	7.6	≥17.7	≥19.6	≥19.6

表 7-11　粘接不同金属材料的测试强度

材料		钢	不锈钢	紫铜	黄铜
剪切强度/MPa	−196℃	≥19.6	≥19.6	≥19.6	≥19.6
	常温	≥17.7	≥17.7	≥17.7	≥17.7

（4）用途及特点

① 使用温度范围　−269～60℃。

② 特点　胶液黏度低，流动性好；贮存期长；可在室温预固化，固化时放热量小，有高的粘接强度和韧性。

③ 主要用途　在超低温下使用的各种金属、非金属材料的粘接，如超低温下管道、贮罐、各种超低温使用的元件的粘接和密封，也可用于膨胀系数差别较大的两种材料之间的粘接等。

（5）包装及贮存　0.5kg 以下玻璃瓶装。贮存于密封、干燥、阴凉处。贮存期为 1 年。

7.1.20　DW-4 耐超低温胶

（1）主要组成　由（甲）环氧改性的四氢呋喃聚醚聚氨酯预聚体和（乙）二元芳香胺组成。

（2）施工工艺条件

① 配胶　甲∶乙＝100∶25，按配比混合搅匀，随用随配。

② 涂胶　用涂胶棒或刮刀将胶液均匀涂刷于被粘物表面，立即黏合固定。

③ 固化条件　接触压力，100℃需 1h，或 60℃下 2h，或室温放置数天。

（3）性能指标　铝粘接件的抗剪压强度：≥9.8MPa（常温）；≥14.7MPa（−196℃）。

（4）用途及特点

① 使用温度范围　−269～40℃。

② 特点　黏度比 DW-3 胶大，起始粘接力高；固化速度快，能室温固化，有较好的粘接强度，并具有优良的弹性。

③ 主要用途　在超低温下使用的金属与非金属材料的黏合；在需要快速粘接或修补的场合更为适用。

（5）包装及贮存　0.5kg 以下玻璃瓶装。贮存于密封、干燥、阴凉之处。贮存期为 2 个月。

7.1.21　WP 系列胶黏剂

（1）主要组成　铜基磷酸盐。

（2）施工工艺条件　先将粘接表面清除干净，在黄铜板上，按配比值 $R=\dfrac{A(\text{g})}{B(\text{mL})}=3.5\sim4$ 调配至均匀，然后涂于粘接表面进行黏合，室温固化或加温固化均可。加温固化时，宜先于35℃加温0.5～1h，再升温至90℃，保温0.5～2h，待完全固化后，即可投入使用。

（3）性能指标　耐温－184～1000℃；套接最高强度140MPa；A组分外观为灰黑色粉末，B组分外观为透明黏稠状液体。

（4）用途及特点　该胶是双组分无机胶黏剂。耐高低温性能好，粘接强度高，且具有耐油、耐水、无毒、无害、易保存、不老化等特点，可解决焊接、铆接、螺纹连接、过盈配合等传统工艺不能或不易解决的许多技术难题，广泛用于机械仪表、工具、量具、刃具、模具的制造，还可用于钢铁铸件的密封、补裂，机械零件设备的维修等。

（5）包装及贮存　A组分100g玻璃瓶装，B组分50mL塑料或玻璃瓶装。密封存于阴凉干燥处，单组分可长期保存。

7.1.22　铁锚、101 胶

（1）主要组成　由（甲）端羟基线型聚酯型聚氨酯丙酮溶液和（乙）聚酯改性二异氰酸酯醋酸乙酯溶液组成。又名乌利当，聚氨酯胶黏剂。

（2）施工工艺条件

① 配胶　甲∶乙＝100∶（10～50），按规定比例配合调匀。

② 涂胶　涂胶二次，第一次涂布后晾置5～10min，第二次涂布后晾置20～30min，叠合。

③ 固化条件　压力49kPa，100℃需2h，或室温下约5～6天。

（3）性能指标

① 胶液技术指标

a. 甲组分　微黄色透明黏稠液体；黏度（涂-4杯，25℃）：30～90s；固体含量：30％±2％或50％±2％。

b. 乙组分　黄色透明黏稠液体；固体含量：60％±2％；异氰酸基含量：11％～13％。

② 铝合金粘接件的常温剪切强度（甲∶乙＝100∶20）　＞7.8MPa。

③ 铝合金粘接件不同温度的测试强度　见表 7-12。

表 7-12　铝合金粘接件不同温度的测试强度

测试温度/℃		−73	29	50	70	100
剪切强度 MPa	甲：乙＝100：10	16.1	7.3	5.2	4.7	4.6
	甲：乙＝100：50	24.0	12.1	9.2	7.9	7.4

④ 不同配比粘接不同材料的常温测试强度　见表 7-13。

表 7-13　不同配比粘接不同材料的常温测试强度

材料	牛皮	PVC 软泡材料①-铝	人造革	布
配比(甲：乙)	100：5	100：10	100：50	100：(5～20)
剥离强度/(kN/m)	＞2.9～3.9	＞2.2	2.9	8.1

①先用 20％过氯乙烯丙酮溶液涂于表面,干固后再粘。

注:"＞"指材料本身被剥离。

（4）用途及特点

① 使用温度范围　−70～100℃。

② 特点　有良好的黏附性、柔韧性、绝缘性、耐水性和耐磨性,且能耐稀酸、油脂,还具有良好的耐寒性。

③ 主要用途　用于粘接金属（铝、铁、钢）、非金属（玻璃、陶瓷、木材、皮革、塑料、泡沫塑料）以及相互粘接。

（5）包装及贮存　0.5kg、1kg 瓶装,16kg、20kg 听装。密封贮存,甲组分含有易燃溶剂,故为易燃品;乙组分接触潮湿会固化失效。使用时有刺激气味,应在通风良好的条件下工作。贮存期:甲组分为一年,乙组分为半年。

7.1.23　长城 405 胶黏剂

（1）主要组成　由（甲）异氰酸酯和（乙）含羟基聚酯组成。

（2）施工工艺条件

① 配胶　甲：乙＝1：2,按规定比例称量调匀。

② 涂胶　涂刷或涂刮后晾置 30～40min,叠合。

③ 固化条件　常温需 24～48h。

（3）性能指标　剥离强度（橡胶）:0.8～1.2kN/m。冲击强度:铁 1.29J/m,铝 1.27J/m。粘接不同材料的常温测试强度见表 7-14。

表 7-14　粘接不同材料的常温测试强度

材料	铝	铁	铜	玻璃
剪切强度/MPa	4.6	4.5	4.7	>2.5(试片断)

（4）用途及特点

① 使用温度范围　—50～105℃。

② 特点　常温固化、使用方便，可粘接多种材料。

③ 主要用途　用于纸质过滤器粘接，适用于粘接金属、玻璃、陶瓷、木材和塑料等。

（5）包装及贮存　甲、乙组分瓶或桶分装，贮存于阴凉干燥处，贮存期为半年。按易燃品贮运。

7.1.24　LPA-1 皮塑胶

（1）主要组成　由透明弹性聚氨酯和甲苯-丙酮混合溶剂配制成的 10%～15% 的溶剂胶。

（2）施工工艺条件　用毛刷将胶液均匀地涂刷于已清洁的被粘物两面，待晾至半干，黏合压紧。常温下需 5～24h 后方可使用。若胶黏剂增稠后，可加丙酮、丁酮或环己酮等加以溶解和稀释。

（3）性能指标　见表 7-15。

表 7-15　不同粘接件的常温测试强度

粘接件	ABS-牛皮革	PVC-猪皮革	PVC-PVC	PVC-呢料
剥离强度/(kN/m)	4.4	7.1	5.1	3.9
粘接件	PVC-平绒	PVC-棉维	PVC-尼龙	PVC-礼服呢
剥离强度/(kN/m)	4.9	5.3	4.7	4.5

（4）用途及特点

① 使用温度范围　—25～50℃。

② 特点　常温粘接，使用方便。

③ 主要用途　用于皮革、制鞋、修鞋、纺织工业，可用于粘接各种皮革、人造革、泡沫革、PVC、ABS、聚碳酸酯、聚酯等塑料制品，对各种纤维织物如尼龙、涤纶、棉制品等也有高的粘接力。也可供家庭日常生活中粘接用。

（5）包装及贮存　瓶或桶装，为运输方便可供应固体树脂自行配置。存放于密闭容器以免溶剂挥发，远离火源。

7.1.25 聚酯型聚氨酯皮鞋胶

（1）主要组成 由聚酯型聚氨酯树脂和醋酸乙酯组成。按需要可加入少量白炭黑或滑石粉等。

（2）施工工艺条件

① 涂胶 涂刷粘接。

② 固化条件 常温需 24h 或 120℃模压。

（3）性能指标

① 胶膜性能 －30℃时延伸率：140%；－30℃时曲挠：1万次不断裂。

② 聚氯乙烯塑料与不同材料粘接的常温测试强度 见表 7-16。

表 7-16 聚氯乙烯塑料与不同材料粘接的常温测试强度

材料	PVC-牛皮	PVC-猪皮	PVC-牛油皮
剥离强度/(kN/m)	5.1～8.2	9.4～11.4	7.8～8.6

③ 常温测试剪切强度 硬聚氯乙烯粘接件，6.4～7.6MPa；不锈钢粘接件，3.9～4.9MPa。

（4）用途及特点

① 使用温度范围 常温。

② 特点 粘接力好、耐寒、耐挠曲、不会吸收增塑剂。

③ 主要用途 用于注塑机制鞋，粘接皮革与聚氯乙烯塑料鞋底。此外对多种塑料、木材、金属、人造皮革、合成纤维等也有较好的粘接性能。

（5）包装及贮存 0.5kg 和 0.1kg 棕色玻璃瓶装。密封贮存于干燥通风处，贮期为半年。按易燃品贮运。

7.1.26 无毒胶

（1）主要组成 由（甲）聚酯型聚氨酯和（乙）交联剂组成。

（2）施工工艺条件

① 配胶 甲：乙＝100：（5～10），配成 10%浓度的胶。

② 涂胶 用机械涂布、复合。

③ 固化条件 室温需 4 天，或 80℃时 6h。

（3）性能指标

① 胶液的技术指标

a. 外观　无色或淡黄色黏稠液体

b. 固体含量　甲：35%±1%；乙：75%±1%。

c. 黏度　甲：10Pa·s(6r/mim)；乙：4.2Pa·s(12r/min)。

d. 密度　甲：0.98～1.02g/cm³；乙：1.17g/cm³±0.01g/cm³。

e. 未反应单位　甲<50×10⁻⁶；乙<2000×10⁻⁶。

② 粘接不同材料的常温测试强度　见表7-17。

表 7-17　粘接不同材料的常温测试强度

材料	聚乙烯-聚丙烯	聚烯烃-铝	聚乙烯-尼龙	聚乙烯-涤纶膜	涤纶膜-铝
剥离强度/(kN/m)	>0.29	>0.29	>0.29	>0.29	>0.29

（4）用途及特点

① 使用温度范围　−80～130℃。

② 特点　无毒。

③ 主要用途　用于食品复合包装材料的粘接；适用于制造蒸煮袋复合材料。也可粘接金属、玻璃、陶瓷、木材、皮革、橡胶、纸和塑料等材料，还可配制导电胶。

（5）包装及贮存　铁桶或棕色玻璃瓶装。需密封、低温贮存，隔绝火种。保存期不小于1年。

7.1.27　Y-80、Y-82 厌氧胶

（1）主要组成　由双甲基丙烯酸缩醇酯、甲基丙烯酸苯甲酸缩醇酯和氧化还原催化剂等组成。

（2）施工工艺条件

① 涂胶　将胶液涂刷于结合面或滴满隙缝，然后贴合或拧固。若在涂胶前先涂以促进剂，则固化快而效果好。

② 固化条件　配用促进剂时，隔绝空气，常温下1h。

（3）性能指标见表7-18。

表 7-18　性能指标

胶黏剂类型	Y-80	Y-82
外观	茶黄色液体	茶黄色液体
密度(25℃)/(g/cm³)	1.07±0.02	1.07±0.02
黏度/mPa·s	185	164
稳定性(80℃)/min	>30	>30
钢粘接件的剪切强度/MPa	≥3.9	8.8
最大松出扭矩/N·m	3.9～9.8	7.8～14.7

（4）用途及特点

① 使用温度范围　−45～100℃。

② 特点　单包装，Y-80属中低强度，Y-82属中等强度，用于可拆卸部位密封。

③ 主要用途　用于螺纹取接部位的紧固防松、密封防漏。

（5）包装及贮存　50g塑料瓶装，1kg纸盒装。贮存时应避光，远离热源。贮存期为1年。

7.1.28　YY-301、YY-302、YY-101、YY-102厌氧胶

（1）主要组成　由丙烯酸双酯、过氧化物促进剂组成。

（2）施工工艺条件

① 涂胶　将胶液滴入紧固密封件的隙缝中即可，若粘接镀锌、铬、镉的材料，凝胶时间稍长，可使用促进剂加速固化；用于非金属材料粘接，必须使用促进剂，方可固化。

② 固化条件　在隔绝空气下粘接钢-玻璃，不加促进剂的凝固时间在25℃时为10～30min，在常温时1～2天完全固化。

（3）性能指标

① 黏度

a. YY-301和YY-102为低强度型，15～20mPa·s；

b. YY-302和YY-101为中强度型，50～70mPa·s。

② 粘接不同材料的测试强度　见表7-19。

表7-19　粘接不同材料的测试强度

材　料		铝合金		钢		镀锌铬或镉	
胶　种		YY-301 YY-302	YY-101 YY-102	YY-301 YY-302	YY-101 YY-102	YY-301 YY-302	YY-101 YY-102
剪切强度/MPa	常温	2.9～4.9	4.9～6.9	3.9～5.9	5.9～8.8	1.5～4.9	1.5～9.8
	150℃	—	—	0.7～1.7	1.5～2.5	—	—
破坏扭矩/N·m	常温	—	—	14.7～19.8	19.8～24.5	—	—
	150℃	—	—	23.0	16.9	—	—

（4）用途及特点

① 使用温度范围　常温至150℃。

② 特点　单包装，使用方便。紧固螺栓既具有密封性，又能防震、防松动。

③ 主要用途 用于小间隙螺纹紧固，YY-301、YY-302 适用于经常拆卸部件粘接，YY-101、YY-102 适用于不经常拆卸部件及轴套、轴承的黏合。

（5）包装及贮存 贮存期在 5～25℃ 为 1 年。

7.1.29 YY-921 环氧丙烯酸醋胶

（1）主要组成 由（甲）711 环氧丙烯酸酯、环烷酸钴和（乙）过氧化环己酮（乙醇溶液）组成。

（2）施工工艺条件

① 配胶 甲：乙＝100：3.75，按比例混匀。适用期：50g 量，25℃，3h。

② 涂胶 刷涂。

③ 固化条件 隔绝空气下，25℃ 时 4～6h 初步固化，1～2 天完全固化。

（3）性能指标 粘接醇酸玻璃布带，在甲苯中浸泡 24h 不开胶。粘接不同材料的常温测试强度如表 7-20 所示。

表 7-20 粘接不同材料的常温测试强度

材料	铝合金-铝合金	铝合金-有机玻璃①	醇酸玻璃布带-醇酸玻璃布带	钢-聚苯乙烯泡沫塑料
固化时间/天	2	2	2	1
剪切强度/MPa	7.8～88.3	＞7.8(玻璃断)	＞2.0(布袋断)	塑料断

① 有机玻璃厚 4mm。粘接时,胶液甲组分中加入 20% 甲基丙甲酯。

（4）用途及特点

① 使用温度范围 常温。

② 特点 无溶剂、低毒，适用于大面积粘接。

③ 主要用途 适用于金属、有机玻璃、硬质聚氯乙烯、尼龙、聚苯乙烯硬泡沫塑料、无线电工业用醇酸玻璃布等材料的粘接。可用于造船业较大面积硬泡沫塑料与金属板的粘接。

（5）包装及贮存 甲、乙两组分用塑料筒分装，甲组分贮存期为 3～6个月。

7.1.30 Y-150 厌氧胶

（1）主要组成 由甲基丙烯酸环氧酯等组成的单包装胶，另备促进剂。

（2）施工工艺条件

① 涂胶　对钢铁、铜等材料，将胶液涂刷于结合面或滴满隙缝，隙缝应小于 0.2mm，然后贴合或拧固；对惰性金属如铝、锌、镉、铬等进行粘接，或环境温度过低时，均需结合使用促进剂。

② 固化条件　隔绝空气下，接触压力，常温时需 24h；配用促进剂时，常温为 1h，10min 内已初固。

（3）性能指标　茶黄色液体；密度（1.12±0.02）g/cm^3；黏度 l50～300mPa·s；稳定性（80℃）＞30min；铝粘接件的剪切强度（80℃固化 6h）≥8.8MPa；最大松出扭矩（M10 钢制螺栓）≥2.45N·m。

（4）用途及特点

① 使用温度范围　－45～150℃。

② 特点　无溶剂、单包装、黏度低，有较好的紧固性和密封性。

③ 主要用途　用于不经常拆卸的螺纹件的紧固、防松、密封防漏，轴、轴承、转子、滑轮、键合件的安装固定和一般要求强度不高的粘接。

（5）包装及贮存　50g 盒装，1kg 瓶装。贮存时应避光，远离热源，20℃左右环境下贮存期为 1 年，若未凝胶仍可使用。

7.1.31　GY-200 系厌氧胶

（1）主要组成　由甲基丙烯酸酯等组成。

（2）施工工艺条件

① 涂胶　涂胶于经清洁过的被粘件上，使结合面贴合（或扭上），胶液要填充全部间隙。

② 固化条件　间隙小于 0.3mm 易固化，室温下需 1h。

（3）性能指标　见表 7-21。

表 7-21　性能指标

型号		GY-230	GY-240	GY-245	GY-250	GY-255	GY-260	GY-280
黏度/Pa·s		0.1～0.15	触变性 1～3	触变性 4～7	约 0.5	4～7	触变性 1～3	0.01～0.025
扭矩/N·m	破坏	9.8～22.5	9.8～22.5	9.8～22.5	19.6～29.4	19.6～34.3	19.6～39.2	2.45～11.3
	松出	1.96～6.86	1.96～6.86	1.96～6.86	24.5～44.1	14.7～29.4	9.8～24.5	17.2～34.3
钢粘接件的剪切强度/MPa				≥4.9			≥9.8	≥9.8

（4）用途及特点

① 使用温度范围　-55～150℃。

② 特点　能防松、防泄漏、防磨损及防腐蚀等。

③ 主要用途　螺栓、螺钉、轴承、管路等紧固和密封。GY-230、GY-240、GY-245 属中强度紧固密封，GY-250、GY-255、GY-260 属高强度紧固密封，GY-280 可用于焊件、铸件微孔堵塞密封及紧固密封。

（5）包装及贮存　塑料瓶装，贮存期为 1 年。

7.1.32　GY-340 厌氧胶

（1）主要组成　由甲基丙烯酸环氧酯和双甲基丙烯酸缩醇酯等组成。

（2）施工工艺条件

① 涂胶　粘接件清除油污后，滴上胶液，装配。

② 固化条件　隔绝空气后，常温需 2～6h。

（3）性能指标　茶黄色胶液；密度 $(1.12\pm0.02)g/cm^3$；黏度 150～300mPa·s；最大允许填充间隙：不小于 0.18mm；M10 钢螺栓用胶固化后的最大松出扭矩 $\geqslant$ 29.4N·m；轴孔配合件（间隙度＜0.06mm）的剪切强度 $\geqslant$ 19.6MPa。

（4）用途及特点

① 使用温度范围　-55～150℃。

② 特点　不需加促进剂，单包装，室温固化快，强度高。

③ 主要用途　用于不经常拆卸部位的螺纹件的防松、紧固兼密封，轴与轴孔、齿轮、叶片和键的固定，液体管道阀件以及平面密封，液压设备、空气压缩机的装配等。

（5）包装及贮存　50g 塑料瓶装。贮存时应避光和避热，贮存期为 1 年。

7.1.33　GY-168 厌氧柔性密封胶

（1）主要组成　由甲基丙烯酸酯等组成。

（2）施工工艺条件

① 涂胶　刷涂或刮涂，贴合或拧紧。

② 固化条件　28℃时 30～60min 初固化，6h 达实用强度，12h 基本固化。

（3）性能指标　黏度约 15Pa·s；邵尔 A 硬度约 65；伸长率约 30%；钢

粘接件剪切强度 5.47MPa；破坏扭矩 7.84N·m；可填充间隙＜0.25mm。

（4）用途及特点

① 使用温度范围　－55～120℃。

② 特点　单组分，易于施工，固化速度快，柔软性好。

③ 主要用途　适用于机械产品中平面接合面及螺纹件密封的一种取代垫片。

（5）包装及贮存　塑料瓶装，贮存期：20℃为1年。

7.1.34　BN-501 厌氧胶

（1）主要组成　由甲基丙烯酸环氧树脂、稳定剂和固定剂等组成的单包装胶。

（2）施工工艺条件

① 涂胶　被粘件表面先涂一层促进剂，晾干1min。再均匀涂胶液，拧合粘接件。

② 固化条件　隔绝空气下，常温30min初步固化，48h后完全固化。

（3）性能指标　棕色黏稠液体；密度（20℃）$1.14～1.17g/cm^3$；黏度（落球法，20℃）8～14Pa·s。拆卸扭矩：钢螺栓螺帽 M10 细牙≥19.6N·m；聚乙烯塑料柄-钢弹头 14.7N·m。

（4）用途及特点

① 使用温度范围　－40～50℃。

② 特点　无溶剂，韧性好，强度高，固化快。

③ 主要用途　具有密封功能，可用于粘接金属、玻璃、陶瓷和某些塑料制品。

（5）包装及贮存　约50g，聚乙烯塑料瓶装。促进剂以固体粉末供应，使用时配制成1%的丙酮溶液。贮存期为1年。

7.1.35　KYY-1、KYY-2 油面厌氧密封胶

（1）主要组成　由改性环氧甲基丙烯酸双酯和叔丁基过氧化氢等组成的厌氧胶。

（2）施工工艺条件

① 涂胶　被粘件表面处理无严格要求，采用滴涂。

② 固化条件　隔绝空气下，25℃需24h，加促进剂后固化时间可缩短至半个小时。

（3）性能指标 呈深茶褐色黏稠液。接扭矩：KYY-1 为 14.7～19.6N·m；KYY-2 为 11.8～15.7N·m。

（4）用途及特点

① 使用温度范围 －30～150℃。

② 特点 对有油表面能黏合，价格低廉。

③ 主要用途 螺丝防松、紧固，密封防漏，填补缝隙，轴承固持等。

（5）包装及贮存 100g 支装，2kg、6kg、10kg 箱装。贮存期为 1 年。

7.1.36 KH-101 高真空密封胶

（1）主要组成 由（甲）E-51、B-63、D-17 三种环氧树脂和（乙）2-乙基-4-甲基咪唑、促进剂 K-54 及三亚乙基四胺等组成。

（2）施工工艺条件

① 配胶 甲：乙＝9：1，适用期：常温，6h。

② 涂胶 用清洁的棒蘸胶涂覆后黏合。

③ 固化条件 常温需 48h；80～100℃需 2～4h。

（3）性能指标 胶有一定的韧性，粘接玻璃、陶瓷等不会使这些易碎物破裂或产生裂纹，密封性优良。

（4）用途及特点

① 使用温度范围 常温至 200℃。

② 特点 使用工艺简便，固化时体积收缩小。

③ 主要用途 适用于玻璃、陶瓷、金属等材料的粘接、密封和堵漏。用于各种真空器件的高真空堵漏，氦-氖激光管窗口玻璃的密封以及其他精密仪器、仪表组件的粘接固定与密封堵漏。

（5）包装及贮存 用塑料瓶装，贮存于阴凉干燥处。

7.1.37 密封 4 号胶

（1）主要组成 由（甲）双酚 A 环氧树脂（环氧值 0.53～0.55）、活性增韧剂和（乙）防湿剂等组成。

（2）施工工艺条件

① 配胶 甲：乙＝100：（6～8），按比例准确称量调配。

② 涂胶 在室温下涂胶于密封件接合面上。

③ 固化条件 接触压力，150℃需 2h，自然冷却至室温。

（3）性能指标

① 铝合金粘接件的常温测试强度　剪切强度 21.6～25.5MPa；不均匀扯离强度 29.4kN/m；经 40℃饱和水汽老化 200h 后，剪切强度为 17.7～19.6MPa；经 98～100℃水煮 24h 后，剪切强度 19.6～21.6MPa。

② K-9 玻璃粘接件的常温测试强度　压剪强度＞14.7MPa，经 40℃饱和水汽老化 200h 后，强度不变。

（4）用途及特点

① 使用温度范围　−60～120℃。

② 特点　黏度低，固化后机械强度高，耐潮湿性能好。真空环境下放气较少等。

③ 主要用途　主要用于氦氖激光器及其他真空器件的封接。

（5）包装及贮存　甲、乙两组分用塑料瓶分装。密封贮存于阴凉干燥处，远离热源。室温下贮存期为 1 年。

7.1.38　J-13 耐碱密封胶

（1）主要组成　由（甲）双酚 S 环氧树脂、E-51 环氧树脂和（乙）固化剂等组成。

（2）施工工艺条件

① 配胶　甲∶乙＝220∶204，按比例配合搅匀。适用期：0.5kg，20℃下 3～4h。

② 涂胶　涂胶后室温放置 1h 左右合拢。

③ 固化条件　常温需 24～36h。

（3）性能指标　在 50%氢氧化钾水溶液中浸泡 3 个月或在 100℃煮沸 48h 后，常温剪切强度不变。不锈钢粘接件在不同温度下的测试强度见表 7-22。

表 7-22　不锈钢粘接件在不同温度下的测试强度

测试强度/℃	−60	20	60
剪切强度/MPa	≥19.6	≥19.6	≥9.8

（4）用途及特点

① 使用温度范围　−60～60℃。

② 特点　耐强碱。

③ 主要用途　用于人造卫星燃料电池。

（5）包装及贮存　各组分分装。

7.1.39　KH 高温螺纹栓固定胶

（1）主要组成　由（甲）特种环氧树脂、（乙）咪唑类固化剂和（丙）白炭黑等配制而成。

（2）施工工艺条件

① 配胶　甲：乙：丙＝120：（3～6）：3，按配比准确称量并搅拌均匀。

② 涂胶　在螺纹上蘸上胶液后进行装配。

③固化条件　室温需 3 天。

（3）性能指标　钢粘接件在不同温度和条件下的测试强度如表 7-23 所示。

表 7-23　钢粘接件在不同温度和条件下的测试强度

测试温度	常温	175℃	230℃	230℃经 12h 后常温测试
剪切强度/MPa	9.8	7.8	2.9	9.8

（4）用途及特点

① 使用温度范围　常温至 230℃

② 特点　室温固化，耐高温使用。

③ 主要用途　用于螺栓固定，高温密封和堵漏等。

7.1.40　HY-960 轿车车身密封胶

（1）主要组成　由（甲）缩水甘油酯环氧树脂和液体聚硫橡胶、（乙）缩胺固化剂和填料组成。

（2）施工工艺条件

① 配比　甲：乙：填料＝100：29：55。适用期：500g 量，20℃，4h。

② 涂胶　刮涂。

③ 固化条件　常温需 2～3 天，或 100～120℃需 2h。

（3）性能指标

① 铝合金粘接件的常温测试强度　剪切强度 14.7～19.6MPa，T 型剥离强度 0.98～1.47kN/m。

② 铝合金粘接件经±60℃冷热交变 5 次后的常温测试强度　剪切强度 25.3MPa；T 型剥离强度 1.76kN/m。

（4）用途及特点

① 特点　毒性小，常温固化，适用期长，触变性良好，垂直面上施工不流淌。

② 主要用途　用于轿车上取代烫锡，涂覆部位有车身顶缝、前后灯框模坯、门缝整型、车身流水槽等。

7.1.41　NH-1 密封胶

（1）主要组成　由（甲）E-51 环氧树脂和（乙）2-乙基-4-甲基咪唑组成。

（2）施工工艺条件

① 配胶　甲∶乙＝10∶1。

② 涂胶　涂胶后合拢。

③ 固化条件　35℃经 4 天后，再 100℃固化 10～20min。

（3）性能指标　铝粘接件的常温剪切强度 11.8MPa。

（4）用途及特点

① 特点　耐特种介质肼。

② 主要用途　用于无水肼介质中管道螺纹接头的紧固及密封。

7.1.42　铁锚 601 密封胶

（1）主要组成　由 601 树脂、甲苯二异氰酸酯、高岭土和丙酮组成。

（2）施工工艺条件　在密封件表面用刮涂或刷涂法，涂胶适量，放置约半小时，待溶剂挥发，合拢紧固即可使用。若黏合间缝较大，可加固体垫圈合并使用。

（3）性能指标

① 黏附性极强，高温变稀，低温变厚。对金属粘接力较弱。

② 使用压力（150℃）≥0.69MPa。

③ 耐汽油、煤油、润滑油、机油及水等介质。

（4）用途及特点

① 使用温度范围　－40～150℃。

② 特点　为不干性溶解型胶，耐振、耐冲，拆卸方便。

③ 主要用途　用于汽车、船舶、机车、农机等的气缸、管道连接处的密封，防漏气、漏液。

（5）包装及贮存　270g 塑料管装，5kg 铁皮听装，贮存于阴凉处，防潮、防火，贮存期为 1 年。按易燃品贮运。

7.1.43　铁锚 603 密封胶

（1）主要组成　由聚醚型聚氨酯、聚醚环氧树脂和高岭土组成。又名 W-1 密封胶。

（2）施工工艺条件　将胶挤注或刮涂于接合件表面，合拢、紧固即可使用。若间隙较大，可加固体垫圈合并使用。

（3）性能指标

① 在端面宽度 20mm、外径 120mm、螺钉个数 6 只的夹具上，上紧扭矩 24.5N·m，在压力＞690kPa、温度 120℃下保持不漏。

② 接合力为 46kPa。

③ 流动性为 0cm/h。

（4）用途及特点

① 使用温度范围　－40～120℃。

② 特点　无溶剂、不干性，耐各种油及水，适用于经常拆卸的部件中。

③ 主要用途　用于汽车、船舶、通用机械、化工管道等的密封，起到防漏气、防漏液作用。适用于汽车油箱底壳，变速箱上下盖，机床中齿轮箱、法兰盘，以及机车的车轴、柴油机体分箱面等部位。

（5）包装及贮存　250g 塑料管装，1kg 塑料瓶装，贮存期为 1 年。本品属非危险品。

7.1.44　AS 胶

（1）主要组成　由活性氧化铝等配制成的水溶液。

（2）施工工艺条件　将胶液掺于需增加粘接性的物料中，蒸发干涸后得到活性水合氧化铝，灼烧后即起到粘接作用。

（3）性能指标　外观为无色透明至半透明的微酸性水溶液。黏度随氧化铝含量的增高而增大，由可流动的黏稠液逐渐变为不流动的冻胶状物。

（4）用途及特点

① 特点　耐温高，介电绝缘性优良。

② 主要用途　用作石油、化工的催化剂载体配料和胶黏剂；精细陶瓷及其他氧化铝制品的成型胶黏剂；还可作玻璃搪瓷釉彩料的增稠剂，高级纸张的涂层、上浆剂等。

（5）包装及贮存　桶装。密封贮存。

7.1.45 合成胶粉

（1）主要组成 糊精。

（2）施工工艺条件 将糊精加至适量水中溶解后，涂于被粘物表面上，贴合，常温干燥即成。

（3）性能指标

① 外观 均匀粉末。

② 使用温度范围 常温。

③ 特点 黏合性良好，无毒，使用方便。

④ 主要用途 用于印刷、纸张、贴花、铅芯混合、印花涂料等的粘接。

（4）包装及贮存 25kg，聚乙烯塑料袋装。贮存于温度2～37℃、空气流通干燥的仓库内。贮存期为1年。

7.1.46 无卤高温胶带

（1）主要组成 美纹纸，有机高分子材料。

（2）使用工艺条件 确保被贴物表面干净。胶层厚度一般在0.4～0.06mm范围内。

（3）性能指标 不含卤素，耐温可达到150℃×4h。

（4）用途及特点 广泛应用于电子元件生产过程中耐高温工艺过程、汽车工业喷烤漆、线路板波峰焊耐高温遮蔽保护，撕开不残胶在产品表面上，具有耐高温、耐溶剂、再剥离无残胶等优异性能。

（5）包装及贮存 产品应包装并贮存在阴凉干燥清洁库房，避免阳光照射、冷冻和高温，避免与有机溶剂、锐物混贮混运，不得滚动、抛摔。自出货日起六个月内使用。

7.1.47 亚克力热熔胶带

（1）主要组成 美纹纸，有机高分子材料。

（2）使用工艺条件 先将粘贴物清除干净，把温度升到胶面软化温度，将胶带粘贴在需使用部位，胶层厚度一般为0.04～0.06mm范围内。

（3）性能指标 具有良好的耐老化性。

（4）用途及特点 亚克力热熔编带胶带，具有亚克力胶的优越耐候性以及热熔胶带的良好编带效果。编带温度范围广（110～160℃），粘接力牢固，耐温性和耐水性能优越。能解决编带后的高温烘烤作业，能解决编带后的长期、恶劣环境贮存运输问题，保证产品不会散带。解决远洋海运可能遇到的高温高湿恶劣环境带来的风险。

（5）包装及贮存　产品应包装并贮存在阴凉干燥清洁库房，避免阳光照射、冷冻和高温，避免与有机溶剂、锐物混贮混运，不得滚动、抛摔。自出货日起六个月内使用。

7.1.48　环保冷压自粘胶带

（1）主要组成　牛皮纸、复合纸，有机高分子材料。

（2）使用工艺条件　先将被贴物清除干净，用胶面对胶面将零件包裹在里面，胶带厚度一般为 0.06～0.13mm。

（3）性能指标　不破坏被贴物表明，操作简单。

（4）用途及特点　一种具有较强的自粘强度和稳定性的电容喷金遮蔽环保胶带，主要适用于金属化电容生产过程喷金遮蔽，以及各种部件的表面保护。

（5）包装及贮存　产品应包装并贮存在阴凉干燥清洁库房，避免阳光照射、冷冻和高温，避免与有机溶剂、锐物混贮混运，不得滚动、抛摔。自出货日起六个月内使用。

7.1.49　锂电池终止胶带

（1）主要组成　PET 膜、有机高分子材料。

（2）使用工艺条件　将胶带贴在锂离子电芯及其他部位来绝缘固定，胶带厚度一般为 0.01～0.1mm。

（3）性能指标　耐酸碱性好。

（4）用途及特点　一种黏性适中、耐电解液腐蚀、解卷轻、柔软服帖性好的胶带，主要适用于锂电池生产企业的锂离子电芯及其他部位的绝缘固定。

（5）包装及贮存　产品应包装并贮存在阴凉干燥清洁库房，避免阳光照射、冷冻和高温，避免与有机溶剂、锐物混贮混运，不得滚动、抛摔。自出货日起六个月内使用。

7.1.50　锂电池高温胶带

（1）主要组成　PI 膜、有机高分子材料。

（2）使用工艺条件　将胶带用于锂离子电芯极耳部位的绝缘固定和保

护，胶带厚度一般为 0.048~0.052mm。

（3）性能指标　耐温高达 180℃。

（4）用途及特点　一种以 PI 膜为基材、黏性高、耐电解液腐蚀、柔软服贴性好的胶带，主要适用于锂电池生产企业的锂离子电芯极耳部位的绝缘固定和保护。

（5）包装及贮存　产品应包装并贮存在阴凉干燥清洁库房，避免阳光照射、冷冻和高温，避免与有机溶剂、锐物混贮混运，不得滚动、抛掷。自出货日起六个月内使用。

7.1.51　特种耐高温涂料

（1）主要组成　有机硅、无机填料等。

（2）施工工艺条件　根据不同的使用需求，将涂料用溶剂稀释成需要的浓度（也可以不稀释），加入 0.1% 的氯铂酸催化剂，搅拌均匀。使用时，浸涂或者直涂，150℃烘烤 2h。

（3）用途及特点　本品是特种耐高温胶黏剂或涂层，耐热温度可以达到 600℃以上，并且具有极好的弯曲强度和抗剪切强度，并且能达到 V-0 的阻燃级别，对各种金属、无机材料、玻璃等具有极好的附着力。

（4）包装及贮存　25kg 塑料桶装，密封存于阴凉干燥处，有效期≥1 年。

7.1.52　高强度瓷砖胶

（1）主要组成　环氧胶、补强剂、促进剂。

（2）施工工艺条件

① 将被粘接面的污尘清除干净，涂上一层约 2mm 厚的胶，及时压合即可。

② 固化条件　室温固化。

（3）用途及特点　该胶主要用于各种瓷砖的粘接固定及修补。该胶的主要特点是：粘接强度大；应用范围广，可在较潮湿的环境中实施粘接施工；可胶接时间可以根据需要调整。

（4）包装及贮存　可根据用户的需求设计包装，贮存于阴凉处。有效期 24 个月。

7.1.53　彩色瓷砖系列胶

（1）主要组成　环氧树脂、补强剂、纳米色料。

（2）施工工艺条件

① 清除被粘接表面的污垢、浮尘。

② 根据实际的需要涂抹一层不同厚度的胶，及时压合。

③ 固化条件　室温固化，也可加温（小于80℃）固化。加温固化可缩短固化时间和增加粘接强度。

（3）用途及特点

① 该系列胶品种较多（可根据用户的需求设计配制不同色彩的品种）。

② 该系列胶粘接强度大，耐候性好，可广泛应用于各种彩色瓷砖的粘贴安装和修理。

（4）包装及贮存　500g塑料包装，贮存于阴凉干燥处，有效期24个月。

7.1.54　美白万能胶

（1）主要成分　丙烯酸、促进剂、固化剂。

（2）使用工艺条件　确保被粘接表面无油、无锈、无水、无异物；室温20～30min固化。

（3）用途及特点　用于微晶石的粘接和气孔的修补，也适用于白色石材的粘接和修补。主要特点是不仅粘接强度大，而且不黄变。

（4）包装及贮存　500g塑料瓶包装，贮存于阴凉干燥处，有效期12个月。

7.1.55　快干透明胶

（1）主要成分　丙烯酸、促进剂、固化剂。

（2）使用工艺条件　确保被粘接表面无油、无锈、无水、无异物；室温20～30min固化。

（3）用途及特点　用于玻璃、石材、玉石的粘接，粘接强度大，且不变黄。

（4）包装及贮存　500g塑料瓶包装，贮存于阴凉干燥处，有效期12个月。

7.1.56　雅白修补胶

（1）主要成分　丙烯酸、补强剂、促进剂、固化剂。

（2）使用工艺条件　确保被粘接表面无油、无锈、无水、无异物；室温20～30min固化。

（3）用途及特点　用于白色石材的修补，不变黄。

（4）包装及贮存　500g塑料瓶包装，贮存于阴凉干燥处，有效期12个月。

7.2　粘接助剂

7.2.1　补强剂

（1）主要组成　金属粉末、氧化物等。

（2）使用方法　根据不同的粘接要求选择不同的加入量，一般按100份胶液加20～120份补强剂。使用时，可直接加到胶液中，搅拌均匀，若胶液是多组分，则补强剂最后加入，再混合均匀。

（3）性能指标　粒度≥200目。

（4）用途及特点　补强剂是以环氧树脂为基的有机胶黏剂的助剂，是由多种无机高分子化合物等原料经特殊工艺合成的，一般为多晶粉状物。品种多，可满足不同粘接要求的需要，不同的补强剂和不同的用量可用来调节胶黏剂的粘接强度、抗压耐磨强度、耐湿热性、抗老化性、耐酸碱腐蚀性，还可缩短固化时间，增加起始黏度、折射率等。当加入量在20％以内时，粘接强度与加入量成正比，胶黏剂的其他性能均与加入量成正比。

7.2.2　I-WN防锈液

（1）施工工艺条件　将防锈液置于清洁的低碳钢或塑料（聚乙烯或聚苯烯）容器里，把零件浸没其中便可。液面下降后，宜及时添加新液。

（2）用途及特点　本品将亚硝基含量由传统的55％降低到0.09％，既保证了防锈效果，又大大降低了成本，且对使用者无大碍。可于室温下工作，防锈时效大于1年。冰点：防锈-35℃；主要用于钢铁零件防锈。

7.2.3　WY-I偶联剂

（1）施工工艺条件　用脱脂棉蘸取该偶联剂擦涂粘接表面1～2遍，当泛起细小的白泡层，基体显露淡灰色时，立即用热水洗涤泡沫层，最后再用1号清洗剂擦洗1～2遍，待晾干后即可涂胶粘接。

（2）用途及特点　本品属无机接枝偶联剂，是WP系列和Y0系列胶黏剂的助剂，无毒、无味，由于其含多个活性基团，可在铁、铜、铝等材料表面与胶液间发生偶联效应，改善胶接强度，提高耐湿热性、耐老化性，同时具有一定的除油、防锈性能。

7.2.4　快速固化促进剂

（1）施工工艺条件

① 促进胶黏剂快速固化和低温条件下胶黏剂固化的使用方法：首先在胶黏剂涂层上垫一层塑料薄膜，然后将袋装快速固化促进剂置于薄膜上（贴紧），在口袋上部剪开一个小口，用滴管取1～2mL促进液，滴入口袋内的粉剂中，几秒钟后即可起到促进固化的作用，相隔20min左右添加一次促进液，直至固化。

② 调整调胶环境温度时的使用方法：首先将装有快速固化剂的口袋上部剪开一小口，用滴管取1～2mL促进液滴入口袋内的粉剂中，然后将金属调胶板置于袋装快速固化促进剂上，10s后即可在调胶板上进行调胶，控制调胶板与袋间的距离来实现所需温度的控制，近者温度升高，远者温度降低。

（2）用途及特点　不用电，不用火，自激产生热能，最高传导温度可达110℃；可反复使用多次，持续使用达5h以上；无毒、无害，安全卫生，使用方便；保存期长。其用途：①促进胶黏剂快速固化和低温条件下（＜－60℃）胶黏剂的固化；②调整调胶环境温度。

（3）包装及贮存　袋装，置通风干燥处，保存期3年。

7.2.5　除锈灵

（1）施工工艺条件　将膏体涂于需处理表面，用干布或棉纱摩擦数遍即可。1号适用于处理硬质表面，如钢件、镀钴层件等。2号适用于处理较软表面，如铜、铝、烤漆层件等。3号适用于处理更软表面，如喷漆、塑料件等。

（2）用途及特点　本品属高效除锈制品，能迅速消除锈斑、锈迹，并能抑制锈斑再生，突破了国内外同类产品中功能单一的不足，集除锈、防锈、去污、增光于一体，无毒、无蚀，不需用水，越擦越亮，使用方便。本品适用于各种钢铁、电镀、铜、铝、喷漆、喷塑、瓷器、不锈钢、塑料等制品的除锈、防锈、去污和增光。如汽车、仪表仪器、机床设施、冰箱、自行车、电风扇、门镜、扶手、钢锅、铝壶、浴缸以及其他家用电器、厨房用具的除锈、防锈、去污、增光等。

（3）包装及贮存　有盒式、袋式两种包装。于阴凉干燥处遮光密封保存为好。

7.2.6　W-型热处理保护胶纸

（1）主要组成　牛皮纸、无机高分子材料。

（2）施工工艺条件　先将粘贴部位清除干净，用 WKT 胶黏剂（配比 $R=1$）把胶纸粘贴在需保护部位，胶层厚度一般在 $0.5\sim5\text{mm}$ 范围。

（3）性能指标　耐温≤1300℃。

（4）用途及特点　该胶纸具有良好的防护效果，可用于1300℃以下黑色金属热处理工艺中的局部防渗碳、防渗氮、防碳氮共渗、防淬硬、防淬裂等，还可用于一些贮油设备发生裂漏后的不停车粘接修补工艺中。

（5）包装及贮存　10 张/袋。贮于通风干燥处，不能与酸性介质、油污及无机溶剂接触，胶纸不易折叠。有效期≥3 年。

附　录

附录1　胶黏剂性能

胶黏剂类型	形态	固化条件			强度		耐用性												
		压力	加热	时间	剪切	剥离	高温	低温	热水	冷水	脂肪烃	氯代烃	芳烃	油脂	醇	酮	酯	酸	碘
聚乙酸乙烯	乳液、溶液	○	△○	○	+	×	×	×	×		+	×	×	+		×	×		
乙酸乙烯-丙烯酸酯	乳液	○	△○	○	+	×	×	+	√	+	×	×	×	√		×	×		×
乙烯-乙酸乙烯	固体、乳液、胶膜	○	△○	△	√	×	+	√	+	+	×	+	×	+		+	×	√	
过氧乙烯	溶液	○	△	○	+		×		×	+	+	+	×	+	+	×	×	+	+
聚乙烯醇缩醛	乳液、溶液	○	△○	○	+		×	×	+	√		×	×	×	√		×	√	
聚乙烯醇	溶液	○	△		+				×	×	*	*	*	+		*	*	×	+
聚丙烯酸酯	液体、溶液、乳液	△○	△○	○	+	×	×		×	√	×	×	×	×	√	×	×	√	+
氰基丙烯酸酯	液体	○	△	△			×	×	×	√		×	×	√		×		√	+
尼龙	固体、胶膜	○	○		+	+	×	×	×		×	+	×	+	+		+	+	
聚苯乙烯	溶液	△	○	○	+	×		+	+	+					+	+	-	+	
聚酯	溶液、固体	○	△○		+	√		+	√	+	+	+	×	+		+	+		
聚氨酯	溶液、固体、液体	△	△○	○	+	×	×		×		+	×	×	+	×	×	√	×	
脲醛	溶液	○	△○		+		+	+	+	+	+	+	+	+	+	+	+	+	+
三聚氰胺	溶液	○	△○		+		+	+	+	+	+	+	+	+	+	+	+	√	√
酚醛	溶液	○	△○		+		+	+	+	+	+	+	+	+	+	+	+	+	+
间苯二酚-甲醛	固体	○	△○		+		+	+	+	+	+	+	+	+	+	+	+	+	+
有机硅树脂	液体	○	△○	○	+	√	×	-	√	√	×	√	+	√	×	×	+	+	

续表

胶黏剂类型	形态	固化条件			强度		耐用性												
		压力	加热	时间	剪切	剥离	高温	低温	热水	冷水	脂肪烃	氯代烃	芳烃	油脂	醇	酮	酯	酸	碘
环氧	液体	△○	△○	○	+	×	*	×	+	+	+	+	+	×	+	×	×	+	+
环氧-尼龙	固体	△	△○	○	+	*	+	*	+	+	+	×	×	+		×	×	+	×
环氧-聚硫橡胶	液体	△	△○	○	+	+	+	+						×				+	
环氧-聚氨酯	液体	△	△○	○	+	+	+	*	+	+	+	+			×	×	×	×	×
多异氰酸酯	液体	○	△	○					+	+	+	+	+	+				√	+
酚醛-丁腈橡胶	溶液、胶膜	○	△○	○	+	+		+			+	×	+		×	×			+
酚醛-氯丁橡胶	溶液	○	△○	○	+				+	+	+								
酚醛-缩醛	溶液、胶膜	○	△○	○	+				×	×	+	+	+		×	×	+	×	√
聚酰亚胺	溶液、胶膜	○	△○	○	+	√	*	*	*	*	*	*	*	*	*	*	*	*	×
聚苯并咪唑	溶液、胶膜	○	△○	○	+	√	*	+	+	+	+	+	+	+	+	+	+	+	*
丁基橡胶	溶液、乳膜	○	△○	△	×	×	×	×	+	+	×	×	×						
聚异丁烯橡胶	溶液、固体	○	△		×	×	×	×	+	+	×	×	×			+	+	+	+
丁腈橡胶	溶液、乳膜	○	△○	△	+		√		×	+	+	×		+				×	
丁苯橡胶	溶液、乳膜	○	△○	△	+				√	+	×	×	×	√		×			
氯丁橡胶	溶液、乳膜	○	△○	△	+		√		+	+	+	×	+			×	×	+	+
有机硅橡胶	液体	△○	△○	○	×	*	*	*	+	+			+					√	
天然橡胶(乳胶)	乳液、溶液	○	△○	○	+			√			×	×	×	+	×				
糊精	溶液、固体	○		○						×	×	√	√	√	√				
无机胶黏剂	固体、液体	○	△○	○	+	×	*		+	+	+	+	+	+	+	+	+		

注：△—不需要或稍许；○—需要；*—较好；+—好；√—适中；×—差

附录2 被粘接材料选用胶黏剂参考

胶的代号 \ 被粘材料	1	2	3	4	5	6	7	8	9	10	11	12	13	14	15	16	17	18
铝		√	√		√		√	√			√			√			√	√
铜					√													
钢	√	√			√		√				√	√		√			√	√
ABS 塑料								√	√			√						√

胶的代号 被粘材料	1	2	3	4	5	6	7	8	9	10	11	12	13	14	15	16	17	18
环氧塑料														✓				✓
脲醛塑料													✓					
蜜胺塑料	✓													✓		✓		✓
酚醛塑料	✓													✓		✓		✓
尼龙							✓		✓			✓				✓		
聚碳酸酯								✓				✓						✓
聚甲醛												✓						✓
聚酯塑料	✓	✓	✓				✓				✓	✓		✓				✓
聚酯增强塑料			✓				✓					✓						✓
聚乙烯			✓				✓											✓
聚丙烯			✓				✓											
聚苯乙烯							✓	✓		✓								
聚氯乙烯	✓			✓			✓					✓						✓
有机玻璃	✓						✓	✓						✓				
氟塑料			✓															✓
聚乙烯薄膜		✓	✓				✓							✓				

胶的代号 被粘材料	19	20	21	22	23	24	25	26	27	28	29	30	31	32	33	34	35	36
铝								✓		✓	✓	✓	✓		✓			✓
铜												✓		✓				
钢	✓			✓	✓	✓	✓			✓	✓	✓	✓	✓	✓			
ABS 塑料				✓						✓	✓		✓					
环氧塑料				✓						✓	✓		✓					
脲醛塑料																		
蜜胺塑料				✓			✓							✓				
酚醛塑料				✓			✓											

续表

胶的代号 被粘材料	19	20	21	22	23	24	25	26	27	28	29	30	31	32	33	34	35	36
尼龙					√							√						
聚碳酸酯																		
聚甲醛					√							√						
聚酯塑料				√							√	√						
聚酯增强塑料					√					√	√	√		√				
聚乙烯					√							√						
聚丙烯												√						
聚苯乙烯																		
聚氯乙烯					√						√	√		√				
有机玻璃					√							√		√	√			
氟塑料					√						√			√				
聚乙烯薄膜					√						√	√						

附录3 根据粘接接头的工作温度选用胶黏剂

工作温度	胶黏剂类型
−20℃以下	聚氨酯胶
60℃以下	环氧-尼龙、环氧、低分子聚酰胺
60℃以下	环氧、酚醛-缩醛、聚丙烯酸酯、聚酯树脂
150℃以下	环氧-丁腈、酚醛-丁腈、酚醛-缩醛、有机硅、酚醛-环氧
200℃以下	氨基多官能环氧
350℃以下	有机硅树脂或橡胶、聚硼有机硅氧烷、聚酰亚胺、聚苯并咪唑
500℃以下	复合型胶
1100℃以下	无机胶
1200℃以下	无机胶、特种无机胶

附录 4 表面处理所用溶剂

被粘物	可用溶剂	最佳溶剂
钢铁	丙酮、三氯乙烯、醋酸乙酯	三氯乙烯
铝及其合金	丙酮、三氯乙烯、丁酮	丁酮
酮及其合金	丙酮、三氯乙烯	三氯乙烯
不锈钢	丙酮、三氯乙烯	三氯乙烯
镁及其合金	丙酮、三氯乙烯	三氯乙烯
钛及其合金	丙酮、丁酮、异丙酮、甲醛	丁酮
环氧玻璃钢	丙酮、丁酮	丙酮
酚醛塑料	丙酮、丁酮	丙酮
尼龙	丙酮、丁酮	丙酮
聚碳酸酯	甲醛、丙醇	丙醇
有机玻璃	甲醛、异丙醇、无水乙醇	无水乙醇
聚氯乙烯	三氯乙烯、酮醇	三氯乙烯
聚乙烯、聚丙烯	丙酮、丁酮	丙酮
聚酯	丙酮、丁酮	丙酮
聚苯乙烯	无水乙醇、甲醇、丙醇	无水乙醇
ABS	甲醇、乙醇、丙醇	乙醇
氟塑料	三氯乙烯	三氯乙烯
天然橡胶	甲苯、甲醇、异丙醇、乙醇、汽油	甲醇
氯丁橡胶	甲苯、甲醇、异丙醇	甲苯
丁腈橡胶	甲醇、酸醋乙烯	甲醇
丁苯橡胶	甲苯	甲苯
乙丙橡胶	丙酮、丁酮	丙酮
硅橡胶	丙酮、甲醇	甲醇
聚氨酯橡胶	甲醇、丙醇	甲醇
聚磺化聚乙烯	丙酮、丁酮	丙酮
玻璃	丙酮、丁酮	丙酮
陶瓷	乙醇、丙醇	丙醇
赛璐珞	甲醇、异丙醇	异丙醇
聚氯乙烯人造革	120# 汽油、二甲基甲酰胺、丁酮、酸醋乙酯、丙酮	丁酮
聚氨酯合成革	丁酮、酸醋乙酯、二甲基甲酰胺	醋酸乙酯

附录 5 常用溶剂性质

	名称	沸点/℃	闪点/℃	水中溶解度(20℃)/%	蒸汽压(20℃)/kPa
醇类	乙醇	78.32	14	∞	5.85
	异丙醇	82.26	13	∞	4.40
	甲醇	64.7	12	∞	12.81
酮类	丙酮	56.24	−18	∞	24.53
	丁酮	79.57	−2	26.8	9.56
	环己酮	156.5	63	2.3	—
脂类	醋酸乙酯	77.15	−4	8.42	9.71
	醋酸丁酯	126.0	22	0.68	1.33
	乳酸乙酯	154.5	49	25	23.33
醚类	乙醚	34.6	−29	6.9	58.93
	四氢呋喃	64	−22.5	∞	—
	二氧六环	101.3	8.0	∞	3.60
芳烃类	苯	80.1	−11	0.09	9.96
	甲苯	110.7	4	0.05	2.96
	二甲苯	138	27	0.01	(115℃)0.80
卤烃类	二卤甲烷	40	不燃	1.38	46.53
	二氧乙烷	83.7	13	0.90	8.67
	三氧乙烷	86.95	不燃	0.11	7.73
烷烃类	汽油	80~100	−25	—	—
	正己烷	65~69	−22	0.014	—
	环乙烷	80.8	—	—	—

罗来康教授简介

　　罗来康教授是特种粘接技术领域的专家，已发表著作和论文 200 多万字，还独立完成 200 多项新材料、新工艺、新技术、新装置的科技研究工作，拥有多项荣获国家发明奖、发明专利金奖、国际发明博览会金奖、银奖的专利和科研成果。先后荣获"国家有突出贡献的中青年专家""全国五一劳动奖章""全国自学成才奖""山东省劳动模范""能工巧匠"称号，入选"世界名人录""世界杰出人物辞海""中华之光"等多种荣誉。曾任中国兵工学会、中国发明协会、中国热处理行业协会、中国化工学会、中国机械工程学会等学会委员。

　　2006 年开始专门从事幼儿特种素质、右脑潜能素质教育。2008 年参与国家重要创新政策及国家创新型城市规划研究项目的重要课题"创新发展的战略预见"的研究工作，并重点研究"面向未来的创新能力培养及创新教育"问题。2008 年 9 月起，相继受聘于多所学校，担任名誉校长、科学顾问等职。着重开展婴幼儿和中小学生的创新教育实践活动，创造了小发明家培养工程。在中小学成立了小小发明家学会，栽培了一批科技委员和小小发明家，迄今已辅导百余名中小学生申报了国家发明专利，有的还在国内外青少年发明创新大赛中获得殊荣。

参考文献

［1］ 化学工业部粘合剂科技情报中心站编. 化工产品手册. 北京：化学工业出版社，1985.

［2］ 王猛钟，黄硬昌主编. 胶粘剂应用手册. 北京：化学工业出版社，1987.

［3］ 李宝库，钮竹安主编. 粘接剂应用技术. 北京：中国商业出版社，1989.

［4］ 陈积懋，余南延编. 胶接结构与复合材料的无损检测. 北京：国防工业出版社，1984.

［5］ 罗来康. 粘接技术 100 问. 北京：国防工业出版社，1998.

［6］ 王庆元著. 胶粘剂用户小手册. 北京：化学工业出版社，1995.

［7］ 罗来康著. 组合式粘合剂车家宝. 北京：国防工业出版社，1989.

［8］ 罗来康著. 防渗碳胶纸. 北京：机械工业出版社，1980.

［9］ 罗来康. 氧化铜基无机胶粘剂制造. 北京：国防工业出版社，1983.

［10］ 罗来康著. 一种室温固化的胶粘剂 E-59. 北京：国防工业出版社，1983.

［11］ 罗来康著. 789 胶的制备及应用. 武汉：湖北省出版社，1983.

［12］ 罗来康著. W-1 形多功能胶纸. 北京：机械工业出版社，198.

［13］ 罗来康著. 耐磨胶的配制及应用. 武汉：湖北省出版局，1986.

［14］ 罗来康著. 不停车快速堵漏油新技术. 济南：山东省出版社，1987.

［15］ 罗来康著. 一种特别的无机胶粘剂. 北京：中国标准出版社，2002.

［16］ 罗来康著. 发展纳米胶粘剂实现社会可持续发展. 北京：中国标准出版社，2002.

［17］ 罗来康编著. 粘接工程基础. 北京：中国标准出版社，2002.

［18］ 罗来康编著. 特种粘接技术剂应用实例. 北京：化学工业出版社，2003.

［19］ 李子广，李广宇，于敏编著. 现代胶粘剂技术手册. 北京：新时代出版社，2002.